Barbara Messing
Klaus-Peter Huber



# Die Doktorarbeit: Vom Start zum Ziel

An diesem Buch haben gearbeitet:

*Barbara Messing*, Jahrgang 1963. Sie hat in Bonn Mathematik studiert, in Karlsruhe an der Fakultät für Wirtschaftswissenschaften über ein Informatik-Thema promoviert, war zwei Jahre Postdoktorandin am Graduiertenkolleg „Beherrschbarkeit komplexer Systeme“ an der Informatik-Fakultät und arbeitet jetzt an der FernUniversität Hagen. Sie hat Lehraufträge an Fachhochschulen ausgeführt und Seminare zu den Themen wissenschaftliches Arbeiten und wissenschaftliches Schreiben geleitet. Sie lebt mit ihrem Mann und ihren beiden Kindern in Wuppertal.

*Klaus-Peter Huber*, Jahrgang 1962. Er schrieb an der Universität Karlsruhe seine Diplomarbeit in Informatik über Expertensysteme und arbeitete dann vier Jahre als Verfahrensingenieur bei der Mercedes-Benz AG. Anschließend kehrte er noch einmal an die Universität Karlsruhe zurück, wo er 1998 seine Promotion über ein Thema im Bereich des maschinellen Lernens abschloss. Zur Zeit arbeitet er bei der amerikanischen Software-Firma SAS Institute in Heidelberg als Manager einer Business Unit. Er gibt nebenbei Kurse über Zeitmanagement und Kreativitätstechniken, und er lebt mit seiner Frau und seinen beiden Kindern in Karlsruhe.

*Michael Messing*, Jahrgang 1972. Er ist Jurist, lebt und arbeitet in Düsseldorf und macht Cartoons nur zum Vergnügen.

Barbara Messing
Klaus-Peter Huber

# Die Doktorarbeit: Vom Start zum Ziel

## Lei(d)tfaden für Promotionswillige

Dritte, überarbeitete und erweiterte Auflage
Mit 16 Abbildungen und 13 Arbeitsbögen

Springer

Barbara Messing
Resedastraße 50
42369 Wuppertal
*e-mail: messing@online.de*

Klaus-Peter Huber
Insterburgerstraße 10E
76139 Karlsruhe
*e-mail: die.hubers@onlinehome.de*

*Illustrationen von Michael Messing*

Bibliografische Information Der Deutschen Bibliothek

Die Deutsche Bibliothek verzeichnet diese Publikation in der Deutschen Nationalbibliografie; detaillierte biografische Daten sind im Internet über http://dnb.ddb.de abrufbar.

ISBN 3-540-21420-8 Springer Berlin Heidelberg New York

ISBN 3-540-43210-8 2. Auflage Springer-Verlag Berlin Heidelberg New York



Springer ist ein Unternehmen von Springer Science+Business Media

springer.de



Einbandgestaltung: KünkelLopka Werbeagentur, Heidelberg
Umbruch: G&U e.Publishing Services GmbH, Flensburg
Gedruckt auf säurefreiem Papier SPIN 10997819 40/3142YL-5 4 3 2 1 0

# Vorwort

*Wenn wir wüssten, was wir tun, würden wir das nicht Forschung nennen.*

*Albert Einstein*

Ein Doktor vor dem Namen sieht schick aus, aber die Wissenschaft ist ein merkwürdiges Geschäft. Was machen diese Leute eigentlich den ganzen Tag? Woher haben sie ihre Ideen? Sitzen sie in der Badewanne und haben plötzlich einen genialen Einfall, den sie dann nur noch aufschreiben müssen, um über Nacht reich und berühmt zu werden? Oder ist das viel banaler – ein paar statistische Erhebungen, ein paar Laborversuche, ein Prototyp – fertig ist der „Dr."? Das eine wie das andere ist ein Mythos. Die Realität befindet sich, wie fast überall im Leben, irgendwo in der Mitte – irgendwo zwischen Fleißarbeit, Routine und Genialität.

Leider – und zum Glück – genügt Begabung allein nicht, um in der Wissenschaft erfolgreich zu sein. Ebenso wichtig sind Durchhaltevermögen, Kontaktfähigkeit, Organisationstalent, Ausdrucksfähigkeit und Geduld. Diese Dinge kann man lernen – dieses Buch will dabei helfen, ohne den Anspruch einer „Gebrauchsanweisung" zu haben. Denn es gibt für die erfolgreiche Promotion ebenso wenig ein Patentrezept wie für die Kindererziehung.

Der Grundgedanke bei der Entstehung dieses Buches war es, Erfahrungen – eigene, erzählte und solche aus den Seminaren, die wir zu diesem Thema anbieten – weiterzugeben. Hier ist zugleich das Experiment dokumentiert, Methoden der Kreativitätsforschung und des Zeitmanagements auf das undurchsichtige Unternehmen „Promotion" anzuwenden. Wir wollen unsere

Leserinnen und Leser dazu anregen, sich über ihr Promotionsprojekt klar zu werden und auch ein wenig Abstand zu gewinnen: Denn obwohl sich Doktoranden oft allein gelassen fühlen mit ihren Problemen, so teilen sie sie doch mit vielen anderen – sie wissen dies nur oft nicht, sondern halten ihre Mühsal für ihr persönliches Versagen.

Wir können unseren eigenen Werdegang (Promotion in der Informatik) nicht verleugnen; das werden Sie schon an einigen Beispielen bemerken. Insbesondere haben wir hier Promotionen im Auge, die nicht so obligatorischen Charakter haben wie in der Medizin oder Chemie, sondern ein eigenständiges Projekt darstellen, möglicherweise auch in einem anderen als dem ursprünglichen Studienfach. Jedoch gleichen sich die Probleme, die uns aus verschiedenen Bereichen geschildert wurden, immer wieder verblüffend.

Beachten Sie den Service-Teil im Anhang dieses Buches. Das Zeichen ✍ verweist auf die Arbeitsbogen, mit deren Hilfe Sie sich über Ihre Situation klar werden und Ziele abstecken können. Außerdem gibt es im Anhang Vorschläge zur Gestaltung von Doktorandenveranstaltungen, wie sie am Fachbereich oder fächerübergreifend stattfinden können und eine Liste interessanter Web-Links.

Meinungsäußerungen von Leserinnen und Lesern nehmen wir gern entgegen, am liebsten per E-Mail: messing@online.de.

An dieser Stelle sei insbesondere den Doktoranden gedankt, die uns als Reaktion auf die beiden vorangegangenen Auflagen ihre eigenen Erfahrungen geschildert und uns hier und da mit einem Tipp weitergeholfen haben. Auch den extern Promovierten sei für ihre Bereitschaft zum Interview gedankt.

Karlsruhe und Wuppertal, im Juni 2004

Barbara Messing Klaus-Peter Huber

# Inhaltsverzeichnis


**1 Promotion – warum und wozu? ..... 1**
1.1 Innere Motivation ..... 2
1.2 Was Sie mitbringen sollten ..... 2
1.3 Macht sich der Doktortitel bezahlt? ..... 5
1.3.1 Arbeitsplatz Hochschule ..... 7

**2 Wer finanziert und wer betreut mich? ..... 11**
2.1 Wie lange wird es dauern? ..... 11
2.2 Finanzierungsmöglichkeiten ..... 13
2.2.1 Promotion an der Hochschule ..... 13
2.2.2 Die „externe Promotion" ..... 17
2.3 Was macht eigentlich ein Doktorvater? ..... 20
2.4 Wie gehe ich mit meinem Betreuer um? ..... 23
2.5 Weitere Kontakte knüpfen! ..... 25

**3 Was ist das: Wissenschaftlich arbeiten? ..... 29**
3.1 Erkenntnisinteressen ..... 31
3.2 Erkenntniswege ..... 33
3.3 Wie entsteht wissenschaftlicher Fortschritt? ..... 36
3.4 Was heißt das praktisch? ..... 38
3.5 Redlichkeit ..... 40
3.6 Der Stellenwert einer Doktorarbeit ..... 41
3.7 Noch einmal: Worauf beruht wissenschaftliche Erkenntnis? ..... 42

**4 Wie finde ich ein Thema? ... 45**
4.1 Wie viel Wissenschaft gibt es? ... 46
4.2 Lesen, lesen, lesen ... 47
4.3 Verstehen und einordnen ... 49
4.3.1 Sprachprobleme ... 52
4.4 Was muss ich wirklich lesen? ... 53
4.4.1 Auswählen und Bewerten ... 54
4.4.2 Sich auf dem Laufenden halten ... 55
4.5 Sich spezialisieren ... 57
4.6 Das Themafixieren ... 58

**5 Woher kommen die Ideen? ... 61**
5.1 Forschen und Kreativität ... 62
5.2 Wie man auf neue Ideen kommt ... 64
5.3 Brainstorming ... 65
5.4 Ideen gehirngerecht darstellen ... 67
5.5 Kreativität lässt sich nicht erzwingen ... 69
5.6 Was noch nützt ... 72

**6 Wie werde ich den Zeitdruck los? ... 75**
6.1 Was ist das – Zeit? ... 76
6.2 Sich Ziele setzen ... 78
6.3 ...oder basteln Sie lieber? ... 82
6.4 Situationsanalyse ... 83
6.5 Meilensteine definieren ... 85
6.6 Prioritäten setzen ... 86
6.7 Planen ... 90
6.8 Zeitfresser überführen ... 92
6.9 Platz schaffen ... 94
6.10 Was kann schnell gehen? ... 97
6.11 Wo sollte man nicht sparen? ... 98
6.12 Wie viel Disziplin ist nötig? ... 99

**7 Was tun gegen Forscher-Frust? ..... 103**
7.1 Reicht das Talent? ..... 103
7.2 Selbstzweifel und Selbstblockaden ..... 105
7.3 Das Auf und Ab der Gefühle ..... 106
7.4 Fließen ..... 111

**8 Wie lerne ich, gute Vorträge zu halten? ..... 113**
8.1 Selbstmarketing beim Vortrag ..... 114
8.2 Kritik konstruktiv nutzen ..... 118

**9 Wie schreibe ich meine Dissertation? ..... 123**
9.1 Wie lernt man „wissenschaftlich schreiben"? ..... 124
9.2 Wann soll ich anfangen, aufzuschreiben? ..... 125
9.3 Verständlich schreiben! ..... 127
9.4 Ich – man – wir – oder was? ..... 130
9.5 Kleine Stilkunde ..... 131
9.5.1 Klar gliedern und zusammenfassen ..... 133
9.6 Schreibblockaden abbauen ..... 134
9.7 Die Wirkung Ihrer Sätze ..... 136
9.8 Englische Texte ..... 137
9.9 Publish or perish? ..... 138
9.10 Wer verlegt meine Diss? ..... 143
9.11 Textverarbeitung am Computer ..... 145
9.12 Tipps für die Arbeit mit dem Rechner ..... 147
9.13 Die Perfektionsfalle ..... 149

**10 Das Promotionsverfahren ..... 151**

**11 Haben es Frauen an der Hochschule schwerer? ..... 153**
11.1 Sozial-Tussi und Techno-Freak ..... 155
11.2 Fördermöglichkeiten an der Hochschule ..... 156
11.3 Fördern Sie sich selbst! ..... 157
11.4 Damit die Familiengründung nicht zur Falle wird ..... 159

**12 Was tun im Doktorandenseminar** ........ 163
12.1 Themenfindung ........ 164
12.2 Wissenschaftstheorie und Wissenschaftspolitik ........ 164
12.3 Ideen ........ 165
12.4 Ziele und Zeitmanagement ........ 165
12.5 Vortragen ........ 166
12.6 Schreiben ........ 167
12.7 In der Doktorandinnen-AG... ........ 167

**13 Häufig gestellte Fragen** ........ 169
13.1 Gibt es eine Datenbank für offene Promotionsthemen? ........ 169
13.2 Ich habe hier etwas Interessantes gefunden – kann ich damit promovieren? ........ 170
13.3 Kann ein Promotionsberater weiterhelfen? ........ 171
13.4 Wie kann ich schnell einen Überblick über die Literatur bekommen? ........ 171
13.5 Wie kann ich in drei Monaten meine Dissertation in zwei Sprachen schreiben? ........ 172
13.6 Wäre es nicht eine gute Idee, im Erziehungsurlaub zu promovieren? ........ 172
13.7 Was ist, wenn mir jemand zuvor kommt? ........ 173
13.8 Kann mir jemand meine Ergebnisse klauen? ........ 173
13.9 Was passiert, wenn ich mich mit dem Doktorvater verkrache? ........ 174
13.10 Mein Thema artet aus. Was soll ich tun? ........ 174
13.11 Was ist, wenn meine Stelle ausläuft? ........ 175
13.12 Muss man so viel Altpapier erzeugen? ........ 175
13.13 Nutzt einem der Doktortitel im Alltag? ........ 175
13.14 Muss mich jetzt jeder mit „Doktor“ anreden? ........ 176
13.15 Was bringt das alles? ........ 176

**14 Zum Schluss** ... 179

**15 Kommentiertes Literaturverzeichnis** ... 183

**16 Fundstellen im Internet** ... 195
16.1 Literaturrecherche ... 196
16.2 Wissenschaftliches Arbeiten und wissenschaftliches Schreiben ... 197
16.3 Promotionsordnungen, Mittelbauseiten ... 198
16.4 Doktorandeninitiativen ... 199
16.5 Wissenschaftliche Organisationen, Stipendien ... 200
16.6 Dissertation online publizieren ... 201
16.7 Wissenschaft im Internet ... 202
16.8 Beruf und Karriere ... 203

**Arbeitsbögen** ... 205

**Stichwortverzeichnis** ... 219

# 1 Promotion – warum und wozu?

*Titel sind Möbelpolitur für Namen.*

*Waltraud Puzicha*

*Einen Titel muss der Mensch haben. Ohne Titel ist er nackt und ein gar grauslicher Anblick.*

*Kurt Tucholsky*

„Warum wollen Sie promovieren?“ Auf diese Frage gibt es sehr unterschiedliche Antworten. Vielleicht möchten Sie Ihre Karrierechancen verbessern oder haben das Gefühl, beruflich auf der Stelle zu treten und Sie hoffen durch eine Promotion auf neue Perspektiven. Manche wollen sich gesellschaftliches Ansehen verschaffen oder eine Familientradition fortsetzen. Dann gibt es „sportliche“ Gründe: Sie suchen die Herausforderung, wollen sich oder anderen „etwas beweisen“. Oder Sie sind eher pragmatisch: Man hat Ihnen eine Stelle angeboten, bei der die Möglichkeit zur Promotion besteht, Sie schätzen die freie Arbeitsweise an der Hochschule, haben Ihr Studentenleben noch nicht genügend ausgekostet oder haben (noch) keine Lust auf Kostüm oder Nadelstreifen. Oder Sie sind einfach vom Wunsch zu forschen beseelt. Vielleicht fragen Sie sich auch weniger, ob Sie das wollen, sondern was es Ihnen bringt.

## 1.1 Innere Motivation

Wie fällt Ihre Antwort auf das „Warum" aus? Fragen Sie sich ehrlich und selbstkritisch, was Sie wirklich motiviert. Klären sie auch, wie stark Ihr inhaltliches Interesse an dem ist, was Sie erforschen wollen. Möchten Sie etwas Bestimmtes herausfinden? Interessiert Sie ein bestimmtes Gebiet „eigentlich schon immer"? Wollen Sie „einmal in die Tiefe graben"? Liegt Ihnen etwas daran, neue Erkenntnisse zu gewinnen und neue Entwicklungen anzustoßen?

Hat Ihnen Ihr Studium Spaß gemacht? Wie war das bei der Diplom- oder Examensarbeit? Überwog das Interesse oder der Wunsch, das möglichst schnell hinter sich zu haben? Standen Sie dauernd bei Ihrem Betreuer auf der Matte oder haben Sie selbständig gearbeitet? Haben Sie Ausdauer beim Lesen wissenschaftlicher Texte? Wie steht es mit Ihren Englischkenntnissen?

Diese Fragen sollten Sie sich stellen, bevor Sie sich entschließen, zu promovieren. Sie müssen noch nicht wissen, wie Ihre Dissertation heißen wird. Die Themenfindung ist, wie wir später sehen werden, Teil Ihrer Forschung. Aber die Frage „Warum mache ich das eigentlich?" beantworten Sie sich besser, *bevor* Sie mit der wissenschaftlichen Arbeit anfangen.

## 1.2 Was Sie mitbringen sollten

Formale Voraussetzung für die Zulassung zur Promotion ist im Allgemeinen ein abgeschlossenes Hochschulstudium mit mindestens vier Jahren Regelstudienzeit (ein Bachelor-Abschluss reicht also normalerweise nicht). An einen Fachhochschulabschluss sind besondere, nicht einheitlich geregelte Bedingungen verknüpft, etwa eine besonders gute Abschlussnote oder „weiterführende Studien“[1]. Im Zweifelsfall entscheiden über die Zulassung die entsprechenden Gremien (Fakultäts- bzw. Fachbereichsrat, Promotionsausschuss).

Eine andere Frage ist die nach der persönlichen Eignung. Hier gibt es keine allgemeinen Kriterien. Es gibt vielversprechende Talente, die scheitern und Kandidaten, die mit viel Zähigkeit und Fleiß ans Ziel kommen, obwohl das keiner erwartet hat.

Aber Einiges müssen Sie doch auf jeden Fall mitbringen: Neugier, Beharrlichkeit, die Fähigkeit, auch ohne Zuckerbrot und Peitsche zu arbeiten, viel Lust am Lesen und möglichst auch am Schreiben, Mut zum Vortragen und Gelassenheit beim Ertragen von Kritik. Sie müssen sich darauf einstellen, lange Zeit an einem Thema zu sitzen, das Ihnen irgendwann zur zweiten Natur wird. Sie brauchen das, was man mit dem Begriff „gute Nerven“ zusammenfasst. Von Misserfolgen dürfen Sie sich nicht zu sehr zurückwerfen lassen.

Bedenken Sie auch: Forschen ist teuer. Der Einsatz von Zeit, Energie und Geld für die Promotion ist nicht ohne Risiko. Wenn Ihre Finanzierung nicht bis zum Abschluss Ihrer Promotion reicht, wird es schwierig. Das Unternehmen „Promotion“ abzubrechen ist zwar keine Katastrophe, aber auch keine Zierde im Lebenslauf.

[1] Literaturhinweis: Hochschulrektorenkonferenz (Hrsg.): Promotionsmöglichkeiten für FH-Absolventen. Sammlung der einschlägigen Bestimmungen aus den Promotionsordnungen der Universitäten. 2. Aufl. 2001

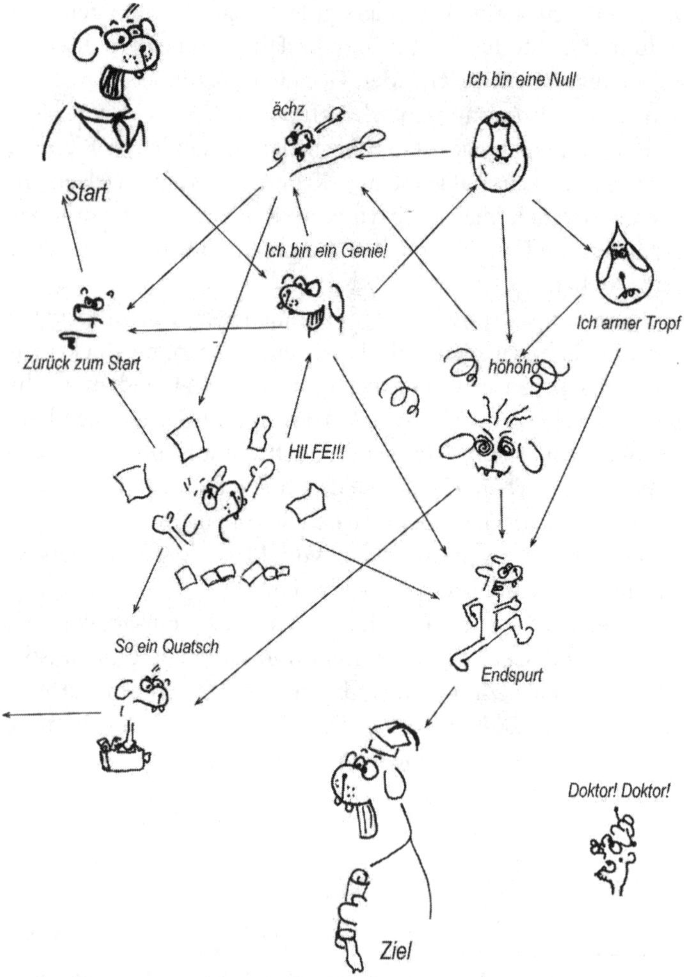


Der verworrene Weg zum Doktortitel

## 1.3 Macht sich der Doktortitel bezahlt?

Ob sich der Doktortitel auch finanziell lohnt, hängt von vielen Faktoren ab. Generell sind formale Titel heutzutage nicht mehr so wichtig wie früher; in erster Linie ist es die persönliche Leistung, die zählt. Eine Promotion bereitet auf eine wissenschaftliche Laufbahn, nicht aber auf eine konkrete berufliche Aufgabenstellung vor (anders als etwa die Zusatzausbildung zum Steuerberater, Wirtschaftsprüfer oder Aktuar). Wer promoviert ist, hat sich dadurch auch nicht zur Führungskraft qualifiziert. Zwar macht sich ein Doktortitel in den Vorstandsetagen gut, aber er ist nur *ein* Bestandteil der Qualifikation für eine Führungsposition – hier heißt es vor allem, das Karriereziel frühzeitig anzupeilen und nicht zu viel Zeit an der Hochschule zu verbringen; Berufspraxis, Auslandserfahrung und dergleichen sind essentiell. Ein Doktor ist in wissenschaftsnahen Bereichen nützlicher als in den Arbeitsgebieten, wo es weniger um Forschung und Entwicklung geht.

Zum anderen kommt es auch auf Ihr Fach an. Für Chemiker ist der Doktortitel fast schon Standard und für den Mediziner ohnehin; für eine Anwaltskanzlei kann ein Doktortitel ebenfalls Aushängeschild sein und auch führende Wirtschaftwissenschaftler sind meist promoviert. In anderen Fächern mag der Doktor eher weniger wichtig und manchmal sogar störend sein. Promotionen in den Geisteswissenschaften führen nicht automatisch zum beruflichen Aufstieg. Für die Einstellung als Schulbuchredakteur beispielsweise ist eine Promotion durchaus keine Bedingung, wichtiger sind Unterrichts- und Verlagserfahrung[2]. Es ist auch zweifelhaft, ob sich eine Promotion empfiehlt,

[2] so die Personalreferentin im Klett-Verlag, H. Haumacher, in der Stuttgarter Zeitung online, 19.12.2003

um Zeiten der Arbeitslosigkeit zu überbrücken oder Zeit für die berufliche Orientierung zu gewinnen.

Will man außerhalb der Universität mit seinem Doktortitel Karriere machen, so muss man unter Beweis stellen, dass man weder einseitiger Spezialist noch weltfremder Eigenbrötler ist. Dass Promovierte zielstrebig, zäh und selbständig sind, mit wissenschaftlichen Standards vertraut und an eine reflektierte Arbeitsweise gewöhnt sind, weiß nicht jeder Personalverantwortliche zu würdigen. Wer außerhalb von Wissenschaft und Forschung Führungspositionen anstrebt, sollte auch an Alternativen zur Promotion denken, etwa an einen MBA – vor allem, wenn eine Auslandstätigkeit geplant ist – oder ein anderes Aufbaustudium bzw. eine Zusatzqualifikation. Verglichen mit den klar strukturierten Programmen solcher Zusatzausbildungen, die meist auch auf die Berufstätigkeit der Absolventen Rücksicht nehmen, ist die Promotion ein Unternehmen mit eher ungewissem Ausgang.

Wichtig ist auch Ihr Alter und wie lange Sie schon studiert haben. Die Zeit, in der Sie an Ihrer Dissertation schreiben, nutzen andere, um Praxiserfahrungen zu sammeln und erste Karriereschritte zu machen. Der Rat, doch erst einmal zu promovieren, das Übrige werde sich dann schon finden, wird den heutigen Ansprüchen des Arbeitsmarktes nicht mehr gerecht. Besonders in den Bereichen, in denen die Situation ohnehin angespannt ist, erhöhen Sie Ihre Karrierechancen durch die Promotion wenig.

Insgesamt – und dies ist der Tenor aller Stimmen, die man zum Thema „Lohnt sich Promovieren?“ hört –, ist die Frage nach dem finanzielle Nutzen einer Promotion für eine wissenschaftsferne Tätigkeit nicht eindeutig zu bejahen. Der finanzielle Anreiz reicht auch nicht, um die Motivation in der anstrengenden und zuweilen frustrierenden Zeit der Promotion zu erhalten. Ob mit dem Titel letztlich auch mehr Geld aufs Konto kommt, ist vielleicht auch die falsche Frage. Ob die Forschungsarbeit Sie – und auch die Wissenschaft – bereichert, ist entscheidender.

### 1.3.1 Arbeitsplatz Hochschule

Für eine Tätigkeit im Wissenschaftsbereich ist die Promotion unerlässlich. Die Chancen, es zu einer Professur zu bringen, sind so schlecht nicht, denn es werden, Berechnungen zu Folge, bis 2010 die Hälfte der 37 000 Professorenstellen an deutschen Hochschulen frei. Dennoch ist eine Hochschulkarriere schwer kalkulierbar. Die Habilitation wird langfristig fallen, aber diese ist nicht das größte Hindernis. Befristete Arbeitsverhältnisse, Teilzeitstellen und häufige Ortswechsel sind für aufstrebende Wissenschaftler über längere Zeiträume eher die Regel als die Ausnahme. Die „6+6"-Befristungsregelungen im Hochschulrahmengesetz sehen auch nach der Promotion eine Beschränkung auf sechs Jahre für befristete Arbeitsverträge vor. Diese Frist kann verlängert werden, wenn vor der Promotion weniger Beschäftigungsjahre angefallen sind. Eine Juniorprofessur kann für insgesamt sechs Jahre übernommen werden (Beamtenverhältnis auf Zeit). Im Klartext: Wenn Sie es innerhalb dieser Zeit nicht zu einem unbefristeten Arbeitsverhältnis gebracht haben, müssen Sie gehen.

Wer als Wissenschaftler an der Hochschule bleiben will, muss also letztendlich eine Professur anstreben. Einzige Ausnahme bilden die „Lehrkräfte für besondere Aufgaben", die ebenfalls unbefristet beschäftigt sind und in erster Linie in der Lehre tätig sind.

Der Wissenschaftsrat findet diese Situation problematisch:

> *Die deutlich begrenzte Chance auf eine dauerhafte Beschäftigung unterhalb der Professur an den Universitäten [...] führt zu einem problematischen Karrieremuster: Entweder erreichen hochqualifizierte Wissenschaftler nach langjähriger Tätigkeit in der Wissenschaft eine Lebenszeitstellung als Professor oder sie müssen die Universität verlassen. [...] Insbesondere aber schreckt die Gefahr, dass eine wissenschaftliche Karriere nach zwölf und mehr Jahren in eine Sackgasse*

> *mündet, heute viele Nachwuchskräfte von einer wissenschaftlichen Karriere ab. Vermutlich gehen der Wissenschaft dabei gerade einige der besonders qualifizierten unter den Nachwuchskräften verloren. Denn diese verfügen auch über gute Möglichkeiten außerhalb der Wissenschaft.*[3]

Bewerbungsverfahren auf Professuren sind sehr langwierig, Bewerber brauchen viel Geduld. Das fachliche Profil eines Wissenschaftlers wird mit der Zeit so speziell, dass nur wenige Stellenausschreibungen überhaupt zutreffen. Da kann man sich nicht danach entscheiden, ob es einem als Münchener in Hamburg gefällt oder nicht. Dass schon der Hochschulverband sich genötigt sieht, eine Leitlinie zu beschließen, nach der Eingangsbestätigungen versendet und Bewerbungsunterlagen nach Abschluss des Verfahrens zurückgegeben werden sollen, lässt Einiges ahnen[4]. Häufig geht der Berufung auf einen Lehrstuhl eine Odyssee von Lehrstuhlvertretungen in den verschiedensten Regionen voraus. Nicht jedem behagt es, den ersten unbefristeten Arbeitsvertrag erst jenseits der 40 in den Händen zu halten. Je länger Sie an der Universität sind, desto geringer sind Ihre Chancen, in der Industrie Fuß zu fassen. Ohne Zweifel bleibt die Arbeit als Wissenschaftler immer herausfordernd und abwechslungsreich. Aber die Freiheit der Hochschule hat ihren Preis.

Gerade herausragende Wissenschaftler bleiben oftmals nicht an deutschen Universitäten, sondern sind in Forschungseinrichtungen beschäftigt, in denen sie keine Lehrverpflichtungen haben. Viele gehen auch ins Ausland, zumindest zeitweise – schätzungsweise jeder siebte Promovierte wandert in die USA ab.

Nicht ganz so steinig ist der Weg zu einer Fachhochschulprofessur. Dafür sind zusätzlich zur Promotion mehrere Jahre Be-

---

3 Aus: Wissenschaftsrat: Empfehlungen zu einem Wissenschaftstarifvertrag und zur Beschäftigung wissenschaftlicher Mitarbeiter, 2004, S. 12f.

rufserfahrung im betreffenden Gebiet Voraussetzung. An der Fachhochschule sind die Lehrverpflichtungen deutlich höher als an der Universität, dafür sind die Kurse meist kleiner und das Verhältnis zwischen Studierenden und Lehrenden ist persönlicher. Das bedeutet aber auch, dass die Professoren an Fachhochschulen meist keine Mitarbeiter haben, die ihnen die Arbeiten abnehmen, die an den Hochschulen von den wissenschaftlichen Mitarbeitern erledigt werden (zum Beispiel Übungsaufgaben stellen oder Software besorgen).

> Überprüfen Sie mit Hilfe von Arbeitsbogen 1 Ihre Motivation.

**Wollen Sie mehr wissen?** Zum Thema „Lohnt sich die Promotion" finden sich immer wieder Artikel in der Presse. Eine Web-Suche mit den Keywords „Promotion" und „Karriere" liefert reichlich Material. Zur Frage der Berufsaussichten siehe [Enders und Bormann 01].

[4] Dies bezieht sich auf die „Leitlinien für den Umgang mit Bewerbungen auf Professuren", beschlossen am 8.4.2002 vom Präsidium des Deutschen Hochschulverbandes.

# 2 Wer finanziert und wer betreut mich?

Die Promotion ist eine aufwändige Sache. Bevor Sie loslegen, sollten Sie klären, wie Sie die nächste Zeit finanziell gestalten und wer Ihre Arbeit betreut.

## 2.1 Wie lange wird es dauern?

Wie lange das Anfertigen einer Dissertation dauern kann oder soll, wird sehr unterschiedlich eingeschätzt. Wenn Stipendien für zwei Jahre vergeben werden mit der Option auf ein weiteres Jahr Verlängerung, dann ist das sicher ein Indiz dafür, dass die Sache nicht in wesentlich kürzerer Zeit zu Ende gebracht werden kann, und das auch nur dann, wenn die Arbeit an der Dissertation die einzige berufliche Tätigkeit ist. Wenn man seine Forschungen neben dem Beruf oder nur in der Hälfte seiner Arbeitszeit betreibt, kann man also eigentlich nicht erwarten, in drei Jahren fertig zu sein (eine Ausnahme bilden die medizinischen Doktorarbeiten). Die durchschnittliche Promotionsdauer liegt zwischen vier und fünf Jahren, das Durchschnittsalter der Absolventen beim Abschluss der Promotion liegt um die 30.

Selbst drei Jahre erscheinen manchem sehr lang. Die Doktorarbeiten selbst werden auch immer länger; es erscheint, als ob die Ansprüche an die Doktoranden immer höher geschraubt werden und die Absolventen dadurch zusehends „vergreisen".

So wie man mit vielen hochschulpolitischen Mitteln versucht, das Studium zu beschleunigen, möchte man auch einen zügigeren Abschluss des Doktorandenstudiums, zumal auch der Arbeitsmarkt junge Absolventen haben möchte. Demgegenüber steht die unüberschaubare Vermehrung des Wissens, seine zunehmende Spezialisierung und Vernetzung. Dadurch wird es immer schwieriger, auch nur in einem kleinen Spezialgebiet Fuß zu fassen und es dauert entsprechend länger, sich in ein Gebiet einzuarbeiten. Ein Überblick über ein ganzes Fachgebiet zu haben ist heutzutage kaum mehr möglich. Durch die schnelle Verfügbarkeit des Wissens steigt auch der Anspruch an die einzelnen Arbeiten, die sich jetzt gegen viel mehr Konkurrenz durchzusetzen haben. Dadurch entsteht wiederum ein Zeitdruck: Ein Thema kann nicht beliebig lange in Ihrer Bearbeitung bleiben – Sie werden sonst von anderen überholt. Auch eine mangelhafte Betreuung oder überzogene Ansprüche des Betreuers können die Sache verzögern.

Sie werden andererseits vielleicht im Laufe der Zeit erfahren, dass Ihnen mehr daran liegt, die Arbeit zu einem befriedigenden Abschluss zu bringen als sie möglichst schnell, aber im Grunde „halbgar" zu beenden. Dieser Ehrgeiz bildet sich womöglich erst heraus, wenn Ihr Forschungsprojekt schon weit fortgeschritten ist. Auch Doktoranden, die eigentlich bald fertig sein wollen, geraten geradezu ins Schwärmen, wenn sie über ihr Thema reden. Mancher kann sich nur noch schwer davon trennen.

Es ist dieser schmerzliche Zwiespalt zwischen den qualitativen Ansprüchen an eine wissenschaftliche Arbeit einerseits und den ökonomischen Verhältnissen andererseits, der zeitliche Kostenvoranschläge für die Promotion so schwer macht. Einige Doktorarbeiten werden auch niemals fertig. Das soll Sie nicht abschrecken, sondern vielmehr dazu ermutigen, sich gründlich vorzubereiten.

## 2.2 Finanzierungsmöglichkeiten

Doktorarbeiten werden unterschiedlich finanziert. Zum einen kann man Inhaber einer Stelle sein, bei der die Promotion ermöglicht wird, zum anderen kann man eine Förderung erhalten, deren Ziel die wissenschaftliche Qualifikation ist. Oder man promoviert extern, d.h. man hat eine feste Anstellung außerhalb der Forschung und versucht die wissenschaftliche Qualifikation quasi nebenberuflich zu erwerben.

Die meisten Promotionen werden direkt im Anschluss an das Studium begonnen. Womöglich kennt man seinen Betreuer schon aus der Studienzeit. Manchmal kann die vollendete Abschlussarbeit bereits als ein erster Schritt zum Thema der Doktorarbeit genutzt werden. Das erleichtert den Einstieg sehr. Wer außerhalb von Hochschule und Forschung arbeitet, hat es schwerer, in der Wissenschaft Tritt zu fassen. Zunächst muss das Vorhaben mit dem Arbeitgeber besprochen werden, damit der geplante Ablauf geklärt werden kann. Dann gilt es einen Betreuer und ein Thema zu finden, was, wenn man sich in der Universität nicht ganz so heimisch fühlt, nicht ganz einfach ist. Da es keine allgemeine Themenbörse gibt und das Ganze sehr stark vom Betreuer abhängt, gibt es hier keine allgemeinen Richtlinien. Die übrigen Schwierigkeiten bei der Promotion, die im Weiteren noch besprochen werden, kommen hinzu

### 2.2.1 Promotion an der Hochschule

Beginnen wir mit der Luxusausführung: Das ist die ganze Stelle eines oder einer *wissenschaftlichen Angestellten*, der oder die einen Zeitvertrag mit der Universität hat. In einer solchen Position verdienen Sie Ihr Geld mit der Unterstützung der Professoren in der Lehre und Verwaltung, was alles Mögliche heißen kann: Rechner installieren, den Toner im Kopierer wechseln, Literatur archivieren, Seminare anbieten und in Prüfungen daneben sitzen. Sie sammeln auf diese Weise Erfahrungen in allen Bereichen des Universitätsbetriebes, sorgen für Ihre Rente und genießen alle anderen Vorteile eines öffentlich Angestellten (auch die Nachteile, versteht sich, gerade in Zeiten knapper Kassen).

Diese Arbeitsverhältnisse sind nach dem Hochschulrahmengesetz (HRG) geregelt. Mit wissenschaftlichen Mitarbeitern, die nicht promoviert sind, können befristete Arbeitsverträge von einer Dauer von bis zu sechs Jahren abgeschlossen werden. In diese Befristungsdauer gehen alle Arbeitsverhältnisse mit über einem Viertel der regelmäßigen Arbeitszeit ein. Das Arbeitsverhältnis als studentische Hilfskraft wird nicht mitgerechnet, wohl aber eine Beschäftigung als wissenschaftliche Hilfskraft (d.h. nach Studienabschluss). Dies bedeutet übrigens nicht, dass es einen Zeitpunkt gibt, zu dem Sie sicher sein können, noch sechs Jahre in Lohn und Brot zu stehen. Die Verträge werden meist nur für zwei oder drei Jahre (oder noch kürzer, je nach Stellenlage) abgeschlossen und stückchenweise verlängert.

Der Forschung dürfen Sie laut Vertrag in der Regel die Hälfte Ihrer Arbeitszeit widmen, die andere Hälfte nehmen Lehre und Verwaltung in Anspruch. Sie haben also im Grunde ausreichend Zeit für Ihre Forschungen. Sie können Ideen reifen lassen und stehen nicht gleich am Anfang unter Erfolgszwang. Aber zwei, drei Jahre sind schnell vorbei, und man kann sich leicht verbummeln, vor allem, wenn einem niemand auf die Füße tritt. Manchmal gibt es so etwas wie eine interne Regel, nach der die Angestellten zwei bis drei Jahre für den Professor Zuarbeit machen und in der verbleibenden Zeit promovieren „dürfen". Wenn Sie sich um eine Angestelltenstelle bewerben, fragen Sie beim Vorstellungsgespräch ruhig nach der gängigen Praxis. An der Reaktion Ihres Gegenübers können Sie schon allerlei ablesen: Weiß der Professor, was seine Mitarbeitern machen und wie weit sie sind? Oder gerät er ins Schwimmen, betont auffällig die Selbständigkeit seiner Untergebenen? Wie viele Kollegen haben Sie, welche Lehrveranstaltungen sind zu betreuen, und wie ist das mit der „Institutskultur“?

Neben den Stellen, die direkt von der Universität (also vom Staat, genauer gesagt, vom Land) finanziert werden, gibt es Drittmittel- und Projektstellen. Dann verdienen Sie Ihr Geld mit der Projektarbeit für einen externen Partner und können „nebenher“ promovieren. Die Projektarbeit hat dabei nicht zwingend etwas mit dem Promotionsthema zu tun. Diese Stellen laufen meist kürzer als die Landesstellen, und so kann es passieren, dass Sie entweder auf ein anderes Projekt umsteigen müssen (was meist mit langwierigen Vorbereitungen einhergeht), durch irgendwelche geschickten Schiebereien doch noch auf einer Angestelltenposition landen oder sonstwie zwischenfinanziert werden. Nichts ist sicher, nur der Tod und die Steuern, sagte schon Benjamin Franklin.

Doktoranden haben oft nur eine halbe Stelle oder sogar noch weniger, in vielen Bereichen ist das sogar der Normalfall. Das bedeutet meist, in der Freizeit (wenn man das so nennen kann) zu forschen. Und selbst die Freizeit ist manchmal knapp, das hängt von der aktuellen Projektlage, den Lehraufgaben und dem guten Willen der Betreuerin ab. Inhaber einer halben Stelle werden ihr Zeitlimit gewöhnlich deutlich unter fünf Jahren ansiedeln. Wenn Sie jung und unabhängig sind, hat eine halbe Stelle durchaus auch ihre Reize. Natürlich gibt es auch Leute, denen wirklich nur der halbe Tag zur Verfügung steht, zum Beispiel, weil sie Kinder haben.

Eine weitere Möglichkeit ist ein Stipendium, eine steuerfreie Förderung. Da gibt es viele Varianten, von mickrig bis stattlich, leichter oder schwerer zu erringen (beachten Sie die Hinweise im Anhang unter „Internet-Fundstellen“). Hier sind insbesondere die Graduiertenkollegs zu nennen. Sie haben das Ziel, wissenschaftlichen Nachwuchs schnell und intensiv zu qualifizieren. Die Einrichtung dieser Kollegs ändert aber nichts an der allgemeinen Hochschulmisere: Die Professoren sind überlastet, die Mittel werden ihnen gekürzt und die Stellen gestrichen, die Studierendenzahlen sind groß und von Reformen spricht man beinahe nur im Zusammenhang mit „Stau". Das bekommen auch Stipendiaten zu spüren. Stipendien sind meist auf zwei bis drei Jahre befristet. „Steuerfrei" bedeutet, dass Sie keine Lohnsteuer und keine Sozialabgaben zahlen; folglich erwerben Sie kein Recht auf Arbeitslosengeld und Rentenbezüge. Für die Krankenversicherung gibt es (noch) keine einheitliche Regelung; manchmal kann man zum Studierendentarif unterkommen, anderswo wird man als „selbständig" eingestuft. Für ein Stipendium gibt es in der Regel Altersgrenzen.

Stipendiaten sollen ihre ganze Kraft der Promotion widmen. Dennoch werden von ihnen oft auch andere Aufgaben wahrgenommen. Die Praxis ist wiederum sehr unterschiedlich. Es gibt Professoren, die ihre Stipendiaten als zusätzliche Kraft für Projektanträge, Lehraufgaben etc. ausnutzen. Natürlich können Sie dabei viel lernen – aber ob Ihre Dissertation dann im gesetzten Zeitrahmen fertig wird, ist fraglich.

Wenn Sie sich um ein Stipendium in einem Graduiertenkolleg bewerben, fragen Sie nach möglichen Aufgaben, aber auch nach der Betreuung und dem fachlichen Austausch! Das kann in der Realität ganz anders aussehen als in der Ausschreibung. Werden Sie einem Lehrstuhl zugeordnet, und wie gestaltet sich das Qualifikationsprogramm des Kollegs? Werden auswärtige Gäste zu Vorträgen eingeladen? Gibt es Schwerpunkte oder macht „jeder seins"?

Neben Universitätsstellen und Stipendien gibt es noch zahlreiche Varianten, über Kooperationen zwischen Forschungseinrichtungen und Industrie an einen Doktortitel zu kommen. Beispielsweise bieten die Fraunhofer Gesellschaften und andere forschungsnahe Institutionen volle Stellen an, auf denen man auch promovieren kann und soll. Allerdings sollte man möglichst genau vorher absprechen, wie das genau abläuft und am besten befragt man auch zukünftige Kollegen, die schon länger dabei sind. Ein Vorteil kann sein, dass die Themen oft in Zusammenarbeit mit der Industrie erfolgen und somit meist ein praktisches Problem als Basis haben. Eine Firma erhofft sich vielleicht von einer Dissertation Vorteile und die befreundete Universitätsprofessorin bekommt über den Kontakt zu Anwendern neue Forschungsimpulse. An etwas zu arbeiten, das nachweislich einen praktischen Nutzen hat, schützt vor mancher Sinnkrise, doch solche Konstellationen können zu einem komplizierten Spagat ausarten. Da ist jeder ein Spezialfall.

### 2.2.2 Die „externe Promotion"

Die externe Promotion findet immer mehr Interesse, denn finanziell und beruflich ein Standbein zu haben und gleichzeitig den Doktortitel zu erwerben, klingt verlockend. Gewarnt sei hier aber ausdrücklich vor dem Versuch, „nebenbei" zu promovieren, denn mit ein paar geopferten Wochenenden ist es nicht getan. Seien Sie auch vorsichtig mit dem Anspruch, ein Thema aus der Berufspraxis in eine Dissertation umzuwandeln. Treffen Sie klare Absprachen, und unterschätzen Sie keinesfalls die Kraft, die Sie für das Projekt „Promotion" brauchen.

#### Unterstützung durch den Arbeitgeber

Sie sollten zuerst in Ihrer Firma besprechen, welche Formen der Unterstützung bestehen: Gibt es spezielle Programme, können Sie die Arbeitszeit reduzieren oder werden Sie finanziell unterstützt? Akzeptiert Ihr Arbeitgeber Ihr Vorhaben oder duldet er es nur? Es gibt Arbeitgeber, die Sie nach einer gewissen Zeit im Unternehmen für sechs Monate freistellen, andere lassen sich mit Ihnen auf eine Reduktion der Arbeitszeit mit vier statt fünf Wochenarbeitstagen oder auch einer Teilzeitbeschäftigung. Es gibt auch Firmen, die eher die Devise „Lernen Sie lieber eine zusätzliche Sprache, das hilft uns mehr" ausgeben. Seien Sie sich im Klaren darüber, dass Sie auf einer Teilzeitstelle möglicherweise eine Veränderung Ihrer Aufgaben und Ihres Entwicklungspfades hinnehmen müssen. Sollte keine zeitliche Reduktion möglich sein, bleiben Ihnen die Abende und die Wochenenden, das kann reichen, bedeutet aber einen großen Verzicht (auch des Partners oder der Partnerin) auf Freizeit und erfordert viel Disziplin und Entschlossenheit.

**Ein Thema und einen Betreuer finden**

Auf das Finden – oder besser: Entwickeln – eines Themas wird in Kapitel 4 genauer eingegangen. Als Externer muss man aber noch zusätzlich den Doktorvater finden und das ist eine nicht zu unterschätzende Hürde. Mit dem Betreuer muss eine Situation gefunden werden, in der beide etwas von der gemeinsamen Sache Doktorarbeit haben. Was Sie davon haben (wollen) ist klar. Für einen Professor ist das womöglich nicht ganz so einfach. Für ihn kann es ein interessantes Thema sein, es können zusätzliche Veröffentlichungen oder ein Drittmittel-Projekt zum Beispiel mit der Firma, in der Sie angestellt sind, sein oder er schätzt Sie persönlich. Aber Doktoranden machen vor allem auch viel Arbeit. Der beste (und übliche) Weg besteht darin, bekannte Kontakte zu Professoren wieder aufzunehmen und zu prüfen, ob sich hier etwas Gemeinsames finden lässt, denn wie bei einer Festanstellung hängt immer auch viel von der Beziehung zwischen Professor und Doktorand ab. Und je mehr man sich vorher kennen gelernt hat, desto besser für beide Seiten. Ein Tipp: Sehen Sie sich die Doktorarbeiten des Lehrstuhls durch und sprechen Sie mit aktuell Promovierenden, um ein Gefühl zu bekommen, auf was es Ihrem Betreuer ankommt und was auf Sie zukommt: praktische Relevanz des Themas, viele Veröffentlichungen, Programmiertätigkeit, mathematische Konzepte, intensives Literaturstudium, Fragebogenerstellung und Auswertung etc. Das Thema zu finden ist dann eine Verhandlungssache mit dem Professor. Es bietet sich an und empfiehlt sich sogar, ein Thema zu definieren, das möglichst nah an dem aktuellen

Arbeitsgebiet des Promovierenden liegt, denn dadurch sind Vorkenntnisse vorhanden und es sind womöglich schon Problemsituationen bekannt, die wissenschaftlich untersucht werden können. Nicht zu unterschätzen ist auch die örtliche Nähe zum Lehrstuhl, denn regelmäßige Absprachen mit dem Betreuer sollten Sie unbedingt einplanen (auch einfordern), zudem stehen u.U. Seminare oder Veranstaltungen an, die Sie besuchen müssen. All das lässt sich einfacher erledigen, wenn Sie nicht allzu weit fahren müssen.

**Anspruch der wissenschaftlichen Arbeit**

Auch bei externen Promotionen beginnen fast alle Arbeiten mit Literaturstudium, dazu finden Sie mehr in den nächsten Kapiteln. Besonders wichtig für eine externe Promotion ist der regelmäßige Kontakt zum Betreuer – mindestens vierteljährliche persönliche Treffen (und am Besten mindestens einmal im Monat telefonieren oder E-Mails austauschen), um zu gewährleisten, dass Sie noch auf dem richtigen Weg sind und Ihr Betreuer auch mitgeht. Dies ist auch eine gewisse Disziplinierung für Sie. Je nach Promotionsordnung und nach Vorstellung des Professors müssen Sie an Seminaren teilnehmen und es werden wahrscheinlich auch Veröffentlichungen erwartet. Am gravierendsten ist erfahrungsgemäß das Zeitproblem. Dadurch ist die Abbruchquote bei externen Doktoranden auch wesentlich höher als bei „Internen" und es gibt schon Professoren, die aus diesem Grund keine externen Promotionen mehr betreuen.

**Abschluss der Promotion**

Besorgen Sie sich rechtzeitig die Promotionsordnung, damit Sie sich insbesondere auf die Abschlussprüfung richtig vorbereiten können. Hierfür sollten Sie auch etwas Urlaub ansparen.

Folgende Tipps geben extern Promovierte:

- Ihr aktueller Job sollte nicht gerade kurz vor dem nächsten Karriereschritt stehen, denn Promovieren und eine neue Aufgabe übernehmen macht die Dinge kompliziert. Im Idealfall haben Sie Ihren Job bereits eine gewisse Zeit und können damit auch noch einige Jahre gut leben, dann erlaubt eine gewisse Routine Ihnen auch besser, das Projekt Promotion in Angriff zu nehmen.
- Ihr Job sollte nicht mit allzu vielen Dienstreisen verbunden sein, denn auch das ist ein bedeutender Zeitfaktor.
- Klären Sie mit Ihrem Partner oder Ihrer Partnerin, ob er/sie Ihre Pläne unterstützt, denn er/sie muss auf Zeit mit Ihnen verzichten und womöglich auch Mehrarbeit (etwa im Haushalt) in Kauf nehmen, wenn Sie nicht verfügbar sind.
- Machen Sie sich feste Termine für Ihre wissenschaftliche Arbeit; planen Sie am besten feste Abende und beispielsweise immer den Sonntag von 8–15.00 Uhr ein, sonst kommt immer etwas dazwischen.
- Besorgen Sie sich Helfer. Fragen Sie beim Lehrstuhl, ob Sie von dort bezahlte wissenschaftliche Hilfskräfte nutzen können oder finanzieren Sie diese Hilfen selbst. Beispielsweise können diese Helfer Fragebögen auswerten, Programmieraufgaben erledigen, Literatur besorgen oder auch Artikel von Ihnen redigieren.

Der persönliche und zeitliche Aufwand einer externen Promotion ist nicht zu unterschätzen. Dies sollten Sie sich zu Beginn klar machen, damit Sie nicht auf halbem Weg aufgeben müssen.

## 2.3 Was macht eigentlich ein Doktorvater?

Der Doktorvater – vielbeschäftigt, aber weise und abgeklärt und mit einem stets offenen Ohr für seine Schüler, in verrauchten Kneipen bis in die Nacht diskutierend: Das ist ein Klischee. So familiär, dass daran auch nur der Begriff „Doktorvater“ noch stimmen würde, geht es an deutschen Hochschulen schon lange nicht mehr zu.

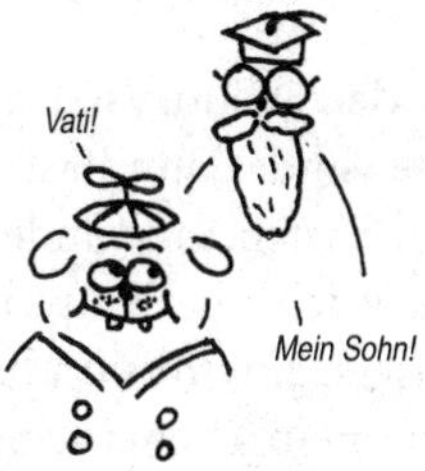


Der Doktorvater oder die Doktormutter ist jedoch nach wie vor eine zentrale Figur während Ihrer Promotionszeit. Den Arbeitgeber zu wechseln ist leichter als sich einen neuen Betreuer für die Doktorarbeit zu suchen. Damit sind Sie in dieser Situation wesentlicher abhängiger von dieser einen Person. Sein oder ihr Verhalten wird sich unter Umständen tiefgreifend auf Ihr Seelenleben auswirken. Aber Sie sind ihm oder ihr auch nicht so ausgeliefert, wie das manchmal den Anschein hat.

Der Philosophie-Professor Ch. Zimmerli antwortete auf die Frage, welche Eigenschaften ein Hochschullehrer haben sollte: „Fachliche Brillanz, menschliche Wärme, Genauigkeit in wichtigen und Großzügigkeit in unwichtigen Fragen.“ Schön gesagt, oder?

Es ist kaum möglich, im Vorhinein zu wissen, wer als Betreuer für Sie geeignet ist und wer nicht. Soviel Auswahl werden Sie nach Ihrem Studienabschluss wahrscheinlich ohnehin nicht haben; es ist zum größten Teil einfach Glück, eine gute Betreuung zu bekommen. Versuchen Sie in jedem Fall, etwas über das Institut zu erfahren, an dem Sie möglicherweise arbeiten werden. Die meisten universitären Einrichtungen sind im Internet vertreten; nutzen Sie diese Informationsmöglichkeit! Die Gestaltung der

Web-Seiten sagt schon einiges aus, auch wenn man natürlich keine voreiligen Schlüsse ziehen darf. Viele Lehrgebiete informieren online detailliert über ihre Forschungsschwerpunkte; wenn Sie darüber Bescheid wissen, macht sich das auch im Vorstellungsgespräch gut.

In vielen Fällen ist der Doktorvater gleichzeitig Prüfer und Vorgesetzter. Konflikte sind dann fast nicht zu vermeiden. Inwieweit kann ich mir leisten, eine andere Meinung zu vertreten? Welche Fragen darf ich überhaupt stellen, ohne dass mir das als Unkenntnis ausgelegt wird und hinterher in die Bewertung einfließt? Darf ich mein Thema selbst wählen? Wann steht mir Beratung zu, wenn ich einmal nicht mehr weiter weiß?

Es gibt keine allgemein gültigen Antworten auf diese Fragen, jeder handhabt das nach eigenem Gutdünken. Manche Professoren sprechen mit ihren Doktoranden die Vortragsfolien durch und geben auch Tipps für die Prüfung – wissend, dass die Leistung des Vortragenden oder Prüflings auf sie und ihr Institut zurückfällt. Andere weigern sich strikt, Unterstützung in diese Richtung zu geben und distanzieren sich sogar, sei es aus Unsicherheit oder im Bestreben, „objektiv" zu sein. Loyalität seitens des Doktoranden wird nicht immer mit „Rückendeckung" durch den Betreuer belohnt.

Doktoranden scheinen mit der Zeit ein sensibles Gespür dafür zu entwickeln, was sie ihrem Betreuer zumuten und was sie sich erlauben können. Sie wissen mit der Zeit, wer auch bei den provisorischsten Konzepten wie ein Schießhund auf Rechtschreibfehler achtet, wer theoretische Fundierung möchte, oder wer immer fragt „Wie kann man das praktisch verwerten?". Wer sich dauernd anpasst, verändert aber auf die Dauer seine Persönlichkeit. Für Außenstehende wirkt es lächerlich, wenn ein Doktorand sich in seiner Wortwahl, seinen Ansichten und seinem ganzen Gehabe seinem Betreuer assimiliert. Loyalität ist erwünscht, aber Selbstaufgabe muss es wirklich nicht sein.

## 2.4 Wie gehe ich mit meinem Betreuer um?

Die Betreuung der Doktoranden ist so unterschiedlich wie die Menschen selbst. „Doktorarbeiten betreuen" ist kein Lehrfach; entsprechend bildet jeder seinen eigenen Stil aus. Hier sind ein paar Vorschläge zum Thema „Wie behandele ich meinen Prof", wobei drei davon letztlich nur dazu auffordern, sich mit den Gegebenheiten abzufinden:

- Achten Sie die hohe Belastung Ihres Betreuers. Professoren sind chronisch in Zeitnot, und wenn sie sich nicht um ihre „Schäfchen" kümmern, ist das in den meisten Fällen keine Bösartigkeit.
- Treten Sie Ihrem Professor aber hin und wieder auf die Füße, machen Sie sich bemerkbar! Das ist Ihr gutes Recht!
- Erwarten Sie nicht zuviel, fachlich: Während der Promotionszeit gräbt man meist in die Tiefe, man kann nicht erwarten, dass der Betreuer da immer mitkommt. Ein guter Professor hat dennoch ein Gespür für die Schwächen Ihrer Arbeit und wird Sie mit der Nase darauf stoßen.
- Versuchen Sie auf jeden Fall, von seiner Erfahrung zu profitieren. Achten Sie darauf, wie er arbeitet, nehmen Sie seine Kritikpunkte an Ihrer Arbeit ernst und hören Sie ihm gut zu. Letztendlich ist er derjenige, der entscheidet, ob und wann Ihre Arbeit „reif" für die Promotion ist.
- Erwarten Sie nicht zuviel, menschlich: Jüngere Professoren haben naturgemäß wenig Erfahrung bei der Betreuung, sind manchmal selber noch unsicher; ältere dagegen können sich wenig an die eigenen Schwierigkeiten während der Promotion erinnern. Schön, wenn Sie die erwähnte menschliche Wärme vorfinden, aber möglicherweise müssen Sie mit ganz anderen Dingen fertig werden.

- Vertreten Sie Ihren Standpunkt. Es hat keinen Sinn, sich ein Thema aufdrängen zu lassen, mit dem man nicht warm werden kann. „Dissertation“ heißt „Auseinandersetzung“! Es geht schließlich um mehrere Jahre angestrengter Arbeit, und welchen Gewinn hat Ihre Professorin, wenn Sie vorzeitig abspringen?
- Machen Sie sich nicht vom Urteil einer einzigen Person abhängig. Erstens ist niemand unfehlbar, und zweitens die Gefahr viel zu groß, dass Sie sich dadurch demoralisieren lassen (eine hochgezogene Augenbraue, und die Welt bricht zusammen). Auch Argumentationen wie „der Professor X hat aber gesagt...“ sind unzweckmäßig. Das wissenschaftliche Selbständigwerden ist wohl das Schwerste bei der Promotion – aber auch das Wichtigste.
- Bewahren Sie Ihr Taktgefühl, und halten Sie Ihr Lästermaul im Zaum. Lassen Sie sich nicht dazu hinreißen, Ihre Betreuerin überall schlecht zu machen, auch wenn Sie nicht zufrieden mit ihr sind. Abgesehen davon, dass das böse Folgen haben kann, steigern Sie sich auch leicht in eine destruktive Haltung hinein, mit der Sie sich das Leben selbst schwer machen.

Die Schrullen und Marotten von Professoren könnten Bände füllen, vergleiche [Bär 02]. Natürlich haben alle Leute ihre Macken, und über vieles kann man lachen, aber fortgesetzte Abwesenheit, Zeitnot, Demoralisierung (ob beabsichtigt oder nicht) oder Gängelei können auf die Dauer schon mürbe machen. Die häufigste Klage der Doktoranden ist wohl, allein gelassen zu werden. Aber das Selbstständigwerden gehört zur Promotion dazu.

Also klagen Sie nicht, sondern bemühen Sie sich selber um fachliche und natürlich auch um menschliche Kontakte in Ihrem näheren und weiteren Umkreis. Werden Sie nicht zum Eigenbrötler im Elfenbeinturm der Wissenschaft. Viele gute Ideen entstehen im Gespräch, auch wenn es dabei mitunter um ganz andere Dinge geht.

## 2.5 Weitere Kontakte knüpfen!

Forschung lebt vom Austausch. Aber Zusammenarbeit muss erlernt und geübt werden. Bei der Vorbereitung auf Prüfungen bilden viele Studierende Lerngruppen, weil das interessanter ist und hilft, am Ball zu bleiben; man kann sich gegenseitig motivieren, diskutieren und abfragen.

Auch Wissenschaft lebt von Teamarbeit, und dem Nachwuchs legt die Deutsche Forschungsgemeinschaft nahe:

> *Es empfiehlt sich, wie Erfahrungen im In- und Ausland zeigen, für Doktoranden neben der primären, ‚Bezugsperson' eine Betreuung durch zwei weitere erfahrenere Wissenschaftlerinnen oder Wissenschaftler vorzusehen, die für Rat und Hilfe und bei Bedarf zur Vermittlung in Konfliktsituationen zur Verfügung stehen, aber auch den Arbeitsfortschritt in jährlichen Abständen diskutieren. Sie sollten örtlich erreichbar sein, aber nicht alle derselben Arbeitsgruppe, auch nicht notwendig derselben Fakultät oder Institution angehören; mindestens eine(r) sollte vom Doktoranden selbst bestimmt sein.*
>
> *DFG-Empfehlungen „Selbstkontrolle in der Wissenschaft", Januar 1998*

Die Realität sieht leider oft anders aus: Doktoranden sind mit ihrer Forschung häufig recht einsam, selbst dann, wenn sie an der Universität beschäftigt sind. Der Mittelbau an den Universitäten ist im Gegensatz zur Professorenschaft schlecht bis gar nicht organisiert. Also: Warum nicht eine Doktoranden-AG gründen? Eine solche AG ist schon für die Weitergabe von Informationen zu den Formalia (wem muss ich meine Arbeit abgeben, wie läuft das mit der Prüfung...) nützlich. Sie können eine Arbeitsgemeinschaft zum Beispiel auf einer Mittelbau-Versammlung anregen. An vielen Universitäten gibt es inzwischen auch „Mittelbau-Seiten" im Internet. Überregionale Organisationen mit Internet-Präsenz finden Sie im Abschnitt 16. Vorschläge für die Arbeit in einer Doktoranden-AG finden Sie im Abschnitt 12.

Wo findet man sonst fachlichen Austausch?

- am eigenen Institut – eigentlich naheliegend, aber gar nicht selbstverständlich. Und auch dann muss man den Austausch fördern, indem man sich nicht in seinem Kämmerchen einschließt, sondern Gespräche anregt, Arbeitsgruppen gründet (z. B. zu einem Thema, das man gemeinsam erarbeitet) oder einen Vortrag in kleinem Rahmen hält. Werden Sie selbst aktiv!
- auf Konferenzen – dort trifft man die „Insider" oder auch solche Leute, die am Anfang stehen wie man selbst. Gerade zu Beginn der wissenschaftlichen Laufbahn ist es spannend, Leute zu treffen, die man vorher nur aus Büchern kannte. Auf Konferenzen bekommen Sie mit, was gerade „angesagt" ist; manchmal ergeben sich auch engere Kontakte. Außerdem sieht man mit eigenen Augen, dass die anderen auch nur Normalsterbliche sind und man es nicht nur mit Überfliegern zu tun hat.
- über das Internet – wo viele Wissenschaftler über ihr Arbeitsgebiet und ihre Veröffentlichungen informieren. Das gibt Aufschluss über Berührungspunkte und mögliche Zusammenarbeit. Die meisten Leute freuen sich über eine Mail, die Interesse an ihrer Arbeit bekundet, und schicken gern aktuelle, noch nicht veröffentlichte Papiere oder ähnliches.

Wenn Sie sich mit anderen zusammentun, beachten Sie die Grundregeln der Teamarbeit. Die folgenden Hinweise sind schlicht und nicht sonderlich originell, aber beherzigt werden sie dennoch viel zu selten.

- Schirmen Sie sich ab. Um Ideen entwickeln zu können, braucht man Ruhe. Geht einer der Diskussionsteilnehmer ständig ans Telefon oder kommt alle 5 Minuten jemand, der „mal kurz etwas fragen" will, kann man nicht vernünftig arbeiten.
- Lassen Sie sich Zeit, auch einmal Details zu diskutieren oder Gedanken ruhen und reifen zu lassen. Man muss auch einmal warten können und Geduld üben. Das sollte natürlich nicht zu Sitzungsmarathons ausarten, die erfahrungsgemäß nicht viel bringen.
- Leute, die sich nicht ausstehen können, werden versuchen, sich gegenseitig zu disqualifizieren; der Sache ist das natürlich nicht dienlich. Solche Konflikte sollten möglichst angesprochen und, so gut es geht, bereinigt werden.
- Wer sich darstellt, als hätte er die Weisheit mit Löffeln gegessen und andere ständig spüren lässt, dass sie einem das Wasser ja doch nicht reichen können, verhindert das Aufkommen freier Assoziationen und neuer, noch unausgegorener Ideen. Versuchen Sie, ein Gesprächsklima herzustellen, das es erlaubt, Ideen frei zu äußern, ohne gleich kritisiert zu werden. Wissen Sie, was eine Killerphrase ist? Paradebeispiel: „Das ist nichts Neues". Diese Phrase ist selbst uralt!
- Die Hackordnung an der Universität ist so fest zementiert wie sonst kaum noch irgendwo. Wer nicht hoch genug auf der Hühnerleiter ist, traut sich möglicherweise nicht, etwas zu sagen. Dass das kontra-produktiv ist, braucht nicht betont zu werden.

Das eigene Fortkommen hat nicht nur mit der fachlichen Qualifikation zu tun, sondern auch mit dem persönlichen Umfeld. Möglicherweise werden Sie sogar an der Hochschule gemobbt, wenn auch etwas subtiler als anderswo. Achten Sie von Anfang an auf das Arbeitsklima. Eine Diplomandin, die an demselben Institut promoviert, an dem sie schon ihre Abschlussarbeit geschrieben hat, hat den Vorteil, in etwa zu wissen, was auf sie zukommt. Wer nach dem Studium die Universität, den Wohnort und vielleicht sogar das Fach wechselt, um zu promovieren, muss sich neu orientieren, was anstrengender, aber auch interessanter ist und viele neue Erfahrungen verspricht, aus denen man klug werden kann...

**Wollen Sie mehr wissen?** Die Wissenschaftsorganisationen und Doktorandenorganisationen bieten nicht nur Hilfe zur Finanzierungssuche, siehe Abschnitt 16.

# 3 Was ist das: Wissenschaftlich arbeiten?

*„Glaube nie, was du siehst", war die Lebensregel von Anna Lavinias Mutter. Doch in einem Hinterstübchen ihres Kopfes erinnerte sich Anna Lavinia an die Lebensregel ihres Vaters, die er ihr kurz vor seiner Abreise genannt hatte. Diese Regel lautete: „Glaube nur, was du siehst." Da Anna Lavinia lieber Regeln hatte, die ihr sagten, was sie tun sollte, als solche, die sagten, was sie nicht tun sollte, zog sie den Rat ihres Vaters vor.*

*Aus Palmer Brown, „Anna Lavinias wunderbare Reise"*

Die meisten Wissenschaftler kümmern sich während ihrer laufenden Arbeit wenig um die Frage, was eigentlich das Wissenschaftliche an ihrer Arbeit ausmacht. Spätestens dann, wenn es um den Wert einer wissenschaftlichen Arbeit geht, stellt sich aber dieses Problem. Reicht es für eine Abschlussarbeit, ein umfangreiches, lauffähiges Programm geschrieben zu haben (für eine Doktorarbeit genügt es sicher nicht, aber warum)? Was ist der Eigenbeitrag einer so genannten „Literaturarbeit"?

Es geht dabei nicht nur um einzelne Arbeiten, sondern auch um das Ansehen ganzer Disziplinen. An der berühmten Pariser Sorbonne wurde der Astrologin Elisabeth Teissier die Doktorwürde verliehen, was zu einer Grundsatzdebatte soziologischer Strömungen führte, die weit über die Diskussion um die Wissenschaftlichkeit dieser Arbeit hinaus ging und die Soziologie als solche in Frage stellte. Bekannt ist auch der Streit um die Wissenschaftlichkeit der Psychoanalyse, des Marxismus und der Homöopathie. Es gehört auch zu den Wissenschaften, darüber zu streiten, was als wissenschaftlich anerkannt wird und was nicht.

Ein anderer Zankapfel ist die praktische Verwertbarkeit einer Arbeit. Ist sie allzu anwendungsbezogen, setzt sie sich dem Vorwurf aus, nicht genug fundiert, eben „nicht wissenschaftlich genug" zu sein. Ist sie aber eher theoretisch angelegt, dann stellt sich die Frage: Wofür braucht man das alles? Dahinter lauert auch der wirtschaftliche Aspekt: Wissenschaft ist sehr, sehr teuer, gerät immer mehr unter Rechtfertigungsdruck und soll sich ökonomischen Gegebenheiten anpassen. Esoterische Forschung im Elfenbeinturm ist nicht mehr gefragt. Im Gegenteil: Die öffentliche Diskussion um Gentechnik, Atomkraft und Datenschutz zeigt, wie problematisch der mit der wissenschaftlichen Erkenntnis verbundene technische Fortschritt sein kann und dass er durchaus nicht nur Erleichterung und Bequemlichkeit mit sich bringt. Immer wieder wird auch der Ruf nach mehr Qualitätskontrolle in der Wissenschaft laut, und der Frage nach der Verantwortung, die Wissenschaftler tragen, kann sich auch längst keiner mehr entziehen. Wissenschaft ist nicht wertfrei. Als philosophische Disziplin und Teil der Erkenntnistheorie stellt sich die Wissenschaftstheorie diesen Fragen. Wenn auch die Antworten der Philosophie meist mehr Fragen aufwerfen als zuvor gestellt wurden, so lohnt es sich doch, einmal hineinzuschnuppern.

## 3.1 Erkenntnisinteressen

Man kann drei Erkenntnisinteressen unterscheiden: Das *phänomenale Erkenntnisinteresse* fragt danach, *was* geschieht. Es geht um Phänomene, ihr Wesen und ihre Eigenschaften. Man kann zum Beispiel beobachten, dass überdurchschnittlich viele Studentinnen, die Fächer wählen, die von Männern dominiert werden (Physik, Informatik, Maschinenbau) auf ein Mädchengymnasium gegangen sind, oder dass Kinder, die am plötzlichen Kindstod gestorben sind, auf dem Bauch schlafen gelegt wurden.

Das *kausale Erkenntnisinteresse* fragt nach den *Gründen* für die Phänomene. Kausale Zusammenhänge herzustellen ist sehr schwierig. Man findet viele mögliche Erklärungen für Phänomene, aber ebenso oft werden diese Erklärungen widerlegt oder sie halten einer genaueren Prüfung nicht stand. Wenn Sie nach Empfehlungen suchen, um abzunehmen, stoßen Sie auf Dutzende sich grundlegend widersprechende Behauptungen, die allesamt (mehr oder weniger) wissenschaftlich fundiert sind. Sie entstehen wahrscheinlich durch vorschnelle Verallgemeinerungen und verschleiern, dass man doch noch recht wenig über die Wirkungsweise von Nahrungsmitteln weiß.

Es kann viele *plausible* Gründe geben: Es wird zum Beispiel allgemein angenommen, dass Mädchen, wenn sie gemeinsam mit Jungen in technischen und naturwissenschaftlichen Fächern unterrichtet werden, benachteiligt werden. Allerdings haben Mädchenschulen als „höhere-Töchter-Institute“ eine ganz andere Klientel als das gemischte Gymnasium. *Auch das* kann eine Erklärung für das oben angeführte Phänomen sein: Die Mädchen, die diese Schulen besuchen, stammen aus gehobenen Schichten und werden von klein auf mehr gefördert – und können sich deshalb freier für ein Studienfach entscheiden.

Eine statistische Korrelation, also eine Wechselwirkung zwischen zwei Variablen, sagt nichts über die Kausalität aus. Das klassische Beispiel ist die Anzahl der Störche, die sich zeitgleich mit der Anzahl der Babys reduziert hat: Das liegt nicht daran, dass der Storch die Kinder bringt. Man mag darüber lächeln, muss sich aber vor Augen halten, dass man ja *weiß*, wie die Kinder entstehen – in den meisten Fällen versucht man aber Zusammenhänge dort zu finden, wo man nichts weiß oder nur vermeintlich etwas weiß.

Schließlich gibt es das *aktionale Erkenntnisinteresse*: Was ist zu tun? Während die Frage nach dem „Warum" quasi eine Rückschau ist, ist bei einer Handlungsempfehlung die in die Zukunft gerichtete Leitfrage: Wozu? Beispielsweise: Ist es sinnvoll, harte Drogen kontrolliert freizugeben? Soll man Mädchen und Jungen in Fächern wie Mathematik und Physik getrennt unterrichten? Ärzte raten Eltern, ihr Kind zum Schlafen nicht auf den Bauch zu legen – und das, obwohl über die Ursachen des plötzlichen Kindstods noch sehr wenig bekannt ist.

An diesem Beispiel zeigt sich auch, wie wichtig es ist, nicht bei Erklärungsversuchen stecken zu bleiben, sondern überall dort wo Handlungsbedarf entstanden ist, mit dem wenigen Wissen, das man hat, verantwortlich umzugehen. Tatsächlich verminderte sich die Anzahl der Todesfälle von Säuglingen auf Grund der ärztlichen Empfehlung. In der Psychologie und der Medizin fragt man nicht nur, ob eine Therapieform wissenschaftlich fundiert ist, sondern vor allem auch, ob sie nützt („Wer heilt, hat Recht."). Hinzu kommen Fragen der Akzeptanz, der politischen Durchsetzbarkeit oder nicht zuletzt natürlich der Kosten, die die Frage nach dem „Was tun" beeinflussen.

## 3.2 Erkenntniswege

Wie entsteht Wissen überhaupt? Naheliegend ist die naive Antwort: Wissenschaft entsteht aus Erfahrung und Beobachtung. Aber das ist ein wackeliger Untergrund für wissenschaftliches Vorgehen. Die Beobachtung selbst ist fehlbar, jeder kennt zum Beispiel optische Täuschungen; auch über kausale Zusammenhänge kann Beobachtung allein wenig aussagen. Zudem ist die Erfahrung zeitlich und prinzipiell beschränkt: Um das Gesetz „Ein Stein fällt nach unten, wenn man ihn loslässt" zu beweisen, müsste man im Grunde alle Steine dieser Welt testen. Das geht nicht. Der (verkürzte) Schluss von einigen Experimenten auf ein allgemeines Gesetz („Säuren färben Lackmuspapier rot") heißt Induktion. Dieses Vorgehen kann nicht alle erdenklichen Fälle abdecken und ist daher immer fehleranfällig.

Eine Erfahrung objektivierbar zu machen ist Ziel des *Experiments*. Experimente müssen unter vielerlei Bedingungen wiederholt werden, um Aussagekraft zu gewinnen. Aber es zeigt sich, dass Beobachtungen ohne eine dazugehörige Theorie wertlos sind: Welche Experimente überhaupt durchgeführt werden, wird von der Idee davon bestimmt, welche Gesetzmäßigkeit gelten könnte. Woher wissen wir, dass die Schuhgröße des Experimentators nicht relevant für den Ausgang des Experiments ist, wenn nicht aus der Theorie? Oft sind aber gerade die relevanten Faktoren gar nicht so genau bekannt.

Dennoch: Viele, auch wissenschaftliche Urteile werden nach dem Prinzip der Induktion gefällt.

„Aber es funktioniert doch", mag man einwenden. Ohne Entscheidungen auf Grund von Erfahrungen wären wir in der Tat handlungsunfähig. Jeden Tag geht die Sonne auf – dann wird sie auch morgen aufgehen. Von Bertrand Russell stammt das Gleichnis vom Hühnchen, das sich jeden Morgen auf sein

Futter freut – bis ihm eines Tages der Bauer den Hals umdreht. Das Argument „es funktioniert“ ist selbst ein induktives Argument, das heißt wir haben hier einen Zirkelschluss.

Der Induktion werden (nach C.S. Peirce) zwei weitere Erkenntnismethoden gegenübergestellt: Die *Abduktion* und die *Deduktion*. Die Abduktion fragt nach der Ursache, der Vorbedingung. *Warum* kommen die Physikerinnen von einer Mädchenschule? Abduktion ist, wie oben schon erwähnt, eine heikle Angelegenheit. Ein weiteres Beispiel: Rotwein gilt als herzschonend, weil mäßige Rotweintrinker älter werden als andere. Das muss jedoch nicht unbedingt am Wein liegen: Weintrinker gehören zu den Betuchteren, denn Wein ist teurer als zum Beispiel Bier, und arme Leute sterben bekanntermaßen früher als wohlhabende. Oft sind die Bedingungen, die zu bestimmten Erscheinungen führen, auch sehr komplex; man denke nur an die Geschehnisse an der Börse, wo viele, winzige, unvorhersehbare Ursachen dramatische Folgen haben können, die die Frage nach dem Warum sehr schwierig machen.

*Deduktion* bedeutet, aus dem Allgemeinen das Besondere abzuleiten. Der klassische deduktive Schluss ist der Syllogismus:

Alle Menschen sind sterblich.

Sokrates ist ein Mensch

Sokrates ist sterblich.

Deduktion ist logisch einwandfrei. Man kann allerdings einwenden, dass durch Deduktion kein wirklich neues Wissen entsteht. Denn es wird ja nur aus dem bereits Bekannten etwas abgeleitet. Für einfache Aussagen stimmt das; je komplexer die Zusammenhänge werden, desto erkenntnisreicher sind jedoch deduktive Schlüsse. Die Schwierigkeit besteht darin, diejenigen Schlüsse zu ziehen, die zum Ziel führen, etwa beim Beweis eines mathematischen Satzes, der ja letztendlich nur auf bekannten Voraussetzungen beruht.

Induktion, Abduktion und Deduktion beschreiben, nach welchen Prinzipien Schlüsse gezogen werden können, aber sie sagen nichts darüber aus, wie die Erkenntnisse eigentlich zu Stande kommen, wie einem etwas einfällt, woher die Ideen kommen und wie die Wissenschaft als Ganzes funktioniert. Mathematiker stellen ihre Beweise zwar als Ableitungen aus Bekanntem dar; um Vermutungen aufzustellen, gehen sie aber ganz anders vor, wenden Phantasie und visionäres Denken an.

Wissenschaftstheorie stellt auch Fragen wie diese: Wenn die Menschheit noch einmal von vorne anfinge, wäre die Wissenschaft nach einer bestimmten Zeit auf demselben Stand wie heute? Würden auch bei diesem gedachten zweiten Mal die Elektrizität, der Fernseher, die künstliche Befruchtung erfunden? Würde die Relativitätstheorie von jemand anders erfunden? Welche Rollen spielen einzelne Personen?

## 3.3 Wie entsteht wissenschaftlicher Fortschritt?

Es ist prinzipiell einfacher, eine Aussage als falsch zu erkennen als sie in aller Allgemeinheit zu beweisen. Der Grundgedanke dieses *Falsifikationismus*, der unter anderem auf Karl Popper zurückgeht, ist, dass Wissenschaft darin besteht, Vermutungen anzustellen und zu versuchen, diese zu widerlegen, woraus sich neue Vermutungen und Theorien ergeben. Eine Aussage ist wertlos, wenn sie nicht widerlegbar ist („Was immer Gottes Wille ist, es wird geschehen." – da wir Gottes Willen nicht kennen, können wir das weder beweisen noch widerlegen). Der Fortschritt in der Wissenschaft ist um so größer, je allgemeiner die widerlegten Vermutungen sind, oder je kühner diejenigen Vermutungen sind, die sich einer Widerlegung widersetzen. Die Aufgabe der Wissenschaftler besteht also darin, möglichst weitreichende Vermutungen anzustellen und möglichst raffinierte Verfahren anzuwenden, um Theorien zu widerlegen. Eine endgültige Verifikation von wissenschaftlichen Tatsachen ist nicht möglich.

Das klingt einleuchtend, aber in der Wissenschaftstheorie bleibt nichts unwidersprochen. Viele bedeutende Theorien sind eben nicht auf diese Weise entstanden – zum Beispiel Einsteins Relativitätstheorie. Dem Problem der Fehlbarkeit der Beobachtungen ist auch der Falsifikationismus ausgesetzt; Beobachtungen, die der Theorie widersprechen, müssen diese nicht unbedingt widerlegen. Der Mond ist sicher immer gleich groß, aber es gibt immer noch keine schlüssige Erklärung dafür, warum er uns in der Nähe des Horizontes soviel größer vorkommt, als wenn er hoch am Himmel steht. Widersprüche zu Theorien können „wegerklärt" werden, ohne dabei die Theorie zu verwerfen; das geschieht in der Realität sehr oft und nicht selten zu Recht. Eine „Immunisierung" findet jedoch auch bei weltanschaulich geprägten Theorien statt. Sie erleben es, wenn Sie versuchen, mit den Zeugen Jehovas zu diskutieren: Innerhalb ihres Weltbildes ist keine Kritik Andersdenkender gültig, sondern lässt sich stets wegdiskutieren. Gerade dieses Vorgehen soll in der Wissenschaft vermieden werden.

Neuere Ansätze (Thomas Kuhn, Imre Lakatos) sprechen von Forschungsprogrammen und -paradigmen. Theorien werden als „strukturiertes Ganzes" aufgefasst, innerhalb dessen einzelne Wissenschaftler ihre fest umrissenen Aufgaben haben. Veränderungen in der Auffassung der Wissenschaft werden durch Paradigmenwechsel markiert. Wovon hängt dieser Paradigmenwechsel ab? Zunächst ist da die „scientific community", die entscheidet. Allerdings setzen sich auch Erkenntnisse durch, an die (zunächst) niemand glaubt. So waren die Fachkollegen von Alfred Wegeners Idee der Kontinentalverschiebung zunächst entsetzt, und auch der Entdecker der Ursachen des Kindbettfiebers, Ignaz Semmelweis, erntete Hohn und Verachtung, bis sich die von ihm eingeführten Hygienemaßnahmen durchsetzten, die uns heute selbstverständlich sind.

Dem *Rationalismus* zufolge gibt es „zeitlose", nicht an Personen gebundene Kriterien zur Beurteilung dessen, was wissenschaftlich ist und was nicht. Dem *Relativismus* zufolge bestimmt die Gesellschaft, was wissenschaftlich ist.

Feyerabend geht in seiner „anarchistischen Erkenntnistheorie" gar so weit, eine Methodologie (Methodenlehre) der Wissenschaft überhaupt abzulehnen („anything goes").

*Der Gedanke, die Wissenschaft könne und sollte nach festen und allgemeinen Regeln betrieben werden, ist sowohl wirklichkeitsfern als auch schädlich. Er ist wirklichkeitsfern, weil er sich die Fähigkeit des Menschen und die Bedingungen ihrer Entwicklung zu einfach vorstellt. Und er ist schädlich, weil der Versuch, die Regeln durchzusetzen, zur Erhöhung der fachlichen Fähigkeiten auf Kosten unserer Menschlichkeit führen muss.*

*(P.K. Feyerabend: Wider den Methodenzwang: Skizze einer anarchistischen Erkenntnistheorie, Suhrkamp, Frankfurt, 1976)*

Durch diese große Freiheit rückt Wissenschaft aber schnell an die Seite von Religion und Esoterik. Der Unterschied zwischen Wissenschaft und Religion besteht aber gerade darin, dass die Heilige Schrift als solche niemals angezweifelt wird, man streitet höchstens um ihre Auslegung. Wissenschaft ist prinzipiell für jede Art Revision offen.

## 3.4 Was heißt das praktisch?

Wissenschaftstheorie ist nicht nur eine philosophische Teildisziplin, sondern versteht sich auch als mögliche Handlungsanleitung. Heute überwiegt der „deduktiv-theoriekritische" Erkenntnisweg; es gibt gewisse, meist nicht explizit ausgesprochene Standards, an die sich zu halten hat, wer in der Wissenschaft etwas werden will.

*Eberhard* [Eberhard 99] definiert diese Sichtweise folgendermaßen: „Der deduktiv-theoriekritische Erkenntnisweg führt die aus dem menschlichen Denken stammenden Theorien und daraus deduzierten Prüfhypothese einer logischen und empirischen Überprüfung zu."

Logisch überprüfen heißt Fragen stellen wie: Sind die Begriffe klar definiert? Stehen sie in einem stimmigen Verhältnis zueinander? Sind sie widerspruchsfrei einerseits und frei von Tautologien andererseits? Wie verhalten sich die Theorien zueinander? Eine empirische Prüfung muss eine Prüfhypothese formulieren, in ein Experiment umsetzen und protokollieren. Die Theorie muss den Ergebnissen entsprechend modifiziert werden.

Als Beurteilungskriterien für die Bewertung einer wissenschaftlichen Arbeit werden häufig folgende angeben:

- *Signifikanz*: Wie wichtig, wie interessant sind die Ergebnisse? Geht es um ein zentrales Problem oder eher um eine Marginalie? Markiert die Arbeit einen bedeutenden Fortschritt oder eher ein kleines Schrittchen vorwärts?
- *Originalität*: Wird ein neuer Ansatz vorgestellt oder wird nur Altbekanntes nachgekaut bzw. das Rad neu erfunden? Oder ist es eine Kombination bekannter Ansätze? Ist Ähnliches bereits bekannt?
- *Wissenschaftliche Qualität*: Ist sorgfältig geforscht und dokumentiert worden? Wird die relevante Literatur zitiert? Sind Begriffe präzise und ausdrucksstark definiert? Werden Behauptungen theoretisch oder experimentell nachgewiesen? Sind die Ergebnisse korrekt?
- *Klarheit der Darstellung:* Ist die Arbeit gut gegliedert und geschrieben? Bemüht sich die Autorin um eine verständliche Darstellung? Erlaubt die Arbeit eine Einordnung in die vorhandene Literatur?

Dies sind Anhaltspunkte, an die Sie denken können, wenn Sie sich fragen, ob Sie genug Ergebnisse beisammen haben. Wichtig ist auch, dass sich die Arbeit an die Konventionen des Faches hält. Dazu gehören der Aufbau, die Art der Darstellung und die Zitierweise. Am meisten lässt sich daher aus vorhandenen Arbeiten lernen. Verschaffen Sie sich einen Überblick, statt sich sklavisch an ein Vorbild zu halten – nicht alle Marotten sind nachahmenswert.

Versetzen Sie sich in die Lage Ihrer Gutachter: Man kann weder alle angegebenen Quellen überprüfen noch alle Experimente wiederholen. Erfahrung und Intuition spielen eine große Rolle, wenn es darum geht, eine Arbeit zu bewerten, und niemand ist gegen einen von persönlichen Vorlieben, Empfindlichkeiten und finanziellen Interessen getrübten Blick gefeit. Wenn Sie selbst einmal in die Lage kommen, ein Gutachten schreiben zu müssen, werden Sie sehen, wie schwer das ist.

Denken Sie daran, dass die, die Ihre Arbeiten lesen, fast immer Menschen unter Zeitdruck sind. Sie entscheiden gleich zu Anfang, ob sich die Mühe lohnt, Ihre Arbeit zu studieren, und wenn sie sie lesen *müssen*, ist die anfangs erzeugte Grundstimmung entscheidend. Deshalb bemühen Sie sich besonders, deutlich herauszustellen, worum es Ihnen geht und was Sie herausgefunden haben. Verworrenes Kauderwelsch und schlecht einzuordnendes Material will niemand lesen.

## 3.5 Redlichkeit

Weder alle Fehler einer wissenschaftlichen Arbeit werden gefunden, noch können alle Experimente vom Gutachter wiederholt werden. Wie in allen anderen Lebensbereichen spielt auch in der Wissenschaft das Vertrauen eine große Rolle. So beschreibt es die DFG:

> *Herausgeber und Gutachter entdecken in der Tat viele Ungereimtheiten mit der Folge, dass Publikationsmanuskripte nachgebessert werden oder (zumindest in der betreffenden Zeitschrift) nicht erscheinen. Auch gibt es aktuelle Überlegungen von Herausgebern führender Zeitschriften, wie der Umgang mit Unregelmäßigkeiten in eingereichten Manuskripten und in Publikationen verbessert werden kann. Die Erwartung einer stets wirksamen Identifizierung von Unregelmäßigkeiten geht jedoch fehl: Weder stehen den*

*Gutachtern die Originaldaten zur Verfügung, noch hätten sie die Zeit, die Experimente oder Beobachtungen zu wiederholen, selbst wenn dies regelmäßig möglich wäre. Auch in diesem Stadium wissenschaftlicher Selbstkontrolle ist das wechselseitige Vertrauen eine wesentliche Grundlage des Systems. Eben dadurch ist es so verletzlich durch unredliches Verhalten.*

*Dfg-Empfehlungen „Selbstkontrolle in der Wissenschaft", Januar 1998.*

Redliches Verhalten heißt vor allem, ehrlich zu sein. Es ist nicht unredlich, sich zu irren oder etwas nicht zu wissen, wohl aber, Erkenntnisse bewusst zu unterschlagen, Ergebnisse wissentlich zu fälschen oder zu stehlen. Wenn Sie am Wissenschaftsbetrieb teilnehmen, unterliegen Sie dieser Verantwortung.

## 3.6 Der Stellenwert einer Doktorarbeit

Für wen schreibt man überhaupt seine Dissertation? Einige Autoren behaupten, man schreibe sie ausschließlich für den Doktorvater bzw. die Doktormutter. Andere sprechen von einer nicht näher spezifizierten „scientific community" – der Wissenschaftsgemeinde. Verstehen und bewerten müssen die Arbeit zunächst der Betreuer und der Korreferent. Aber anders als Diplomarbeiten werden Doktorarbeiten veröffentlicht und sind so für jeden ohne Schwierigkeiten zugänglich. Aus manchen wird später über die Pflichtpublikation hinaus ein „richtiges" Buch. Es wäre also sehr kurzsichtig, beim Schreiben nur an den Professor zu denken, und dieser wird das auch nicht erwarten.

Unter all den vielen anderen Publikationen renommierter Wissenschaftler relativiert sich die eigene Leistung sehr. Zweifelnde Fragen wie „Wen interessiert das schon?", „Wer soll das schon lesen?" oder „Das ist doch sowieso nichts Besonderes?" können die Motivation dauerhaft schwächen. Eine Doktorarbeit ist nur ein kleines Stück Forschung – nicht mehr, aber auch nicht weniger. Sicher markiert nicht jede Dissertation einen Meilenstein des Fortschritts – aber ohne das Gros der „durchschnittlichen" Arbeiten würde die Wissenschaft nicht voran kommen.

## 3.7 Noch einmal: Worauf beruht wissenschaftliche Erkenntnis?

*Zuerst die Beobachtungen und dann der Versuch, dann das Denken ohne Autorität, die Prüfung ohne Vorurteil.*

*Rudolf Virchow*

Es dürfte klar geworden sein, dass Wissenschaftstheorie kein Kochrezept für eine Doktorarbeit ist. Wie man eine originelle, bedeutsame und nützliche Theorie findet, ist nicht so einfach zu sagen. Der Erkenntnisweg, so kritisch-rational er in seinen Ergebnissen auch dargestellt wird, gleicht eher dem, was Eberhard als „mystisch-magisch" beschreibt. Das ist die Art, wie ein kleines Kind die Welt erfährt, „derjenige Erkenntnisweg, auf dem durch eine vorbehaltlos empfängnisbereite Öffnung der Sinne, der Seele und des Geistes, das Wesen des zu Erkennenden [...] ungehindert in das eigene Wesen einwirken kann [...], um dort durch meditative Innenschau erfahren zu werden."

Im Abschnitt über die Kreativität wird davon noch die Rede sein.

**Wollen Sie mehr wissen?** Die Ausführungen in diesem Kapitel beruhen auf [Chalmers 01] und [Eberhard 99]. Die Frage nach der Rechtfertigung und der Ökonomie der Wissenschaft wird von den Hochschulorganisationen aufgegriffen (Internet-Seiten siehe Abschnitt 16). Das „1000-Fragen-Projekt" dreht sich um die Bioethik (www.1000fragen.de).

# 4 Wie finde ich ein Thema?

*Der Weg durch die Wüste ist kein Umweg. Wer nicht das Leere erlitt, bändigt auch nicht die Fülle; wer nie die Straße verlor, würdigt den Wegweiser nicht.*

*Friedrich Schwanecke*

Gerade wer extern promovieren will (das heißt, ohne eine Anstellung an der Hochschule zu haben), überschätzt die Weitsicht der Hochschulangestellten oft dramatisch. Es ist eben nicht so, dass da die Professorin mit einem Päckchen von Promotionsthemen sitzt und wartet, bis jemand anfragt, ob er das machen kann, oder dass Sie an eine zentrale Vermittlungsstelle für Forschungsthemen verwiesen werden.

Ein Thema zu finden ist in aller Regel ein wesentlicher Teil der Promotion. Dass Sie das Thema Ihrer Abschlussarbeit weiterführen können oder Problemstellungen vorgegeben werden, ist eher die Ausnahme, wenn auch die Lehrgebiete Forschungsrichtungen vorgeben und ihre Doktoranden entsprechend auswählen. Aber wenn Sie oder Ihre Betreuerin wüssten, worauf das alles hinausläuft – was hätten Sie dann noch zu tun? Genau zu wissen, was man erforschen will, ist schon die halbe Miete. Nur die selbstständige Themenwahl kann gewährleisten, dass das Thema Sie auch wirklich am Ball halten kann.

Manchmal sieht es allerdings so aus, als sei alles schon erforscht – und hinter den doch noch offenen Fragen scheinen sich Abgründe aufzutun.

Zuerst muss man herausfinden, was zur Zeit „State of the Art" ist, und dann muss man eine Stelle aufspüren, an der noch ein Baustein fehlt, der eines Doktorhuts würdig ist (denn mehr als ein Baustein ist Ihre Dissertation im großen Gebäude der Wissenschaft nicht). Das ist Forschen im Wortsinn. Das gründliche Studium der Literatur ist unabdingbar, bevor Sie daran denken können, Ihr Thema festzulegen. Davon ist in diesem Kapitel die Rede.

## 4.1 Wie viel Wissenschaft gibt es?

Die Mathematiker Davis und Hersh stellen diese Rechnung für ihr Fach auf: Mit 60 000 Bänden ist eine Bibliothek der Mathematik gut ausgerüstet. Rechnet man noch Material angrenzender Gebiete hinzu, kommt man auf etwa 100 000 Bücher. Während es noch 1915 möglich war, in einer Habilitationsprüfung zu jedem beliebigen Teilgebiet eingehend befragt zu werden, ist das heute undenkbar, nicht in der Mathematik und auch nicht in anderen Fächern. Zirka sechzig bis achtzig Bücher veranschlagen Davis und Hersh als Pflichtlektüre für einen Doktoranden – zwei Bücherborde voll. So kann man sich die Fachliteratur als einen Ozean vorstellen, der eine Tiefe von sechzig bis achtzig Bänden hat. Zu Beginn Ihrer Forschungsarbeit gleiten Sie quasi über die Oberfläche hinweg. Später tauchen Sie immer mehr in die Tiefen ab.

## 4.2 Lesen, lesen, lesen

Literaturrecherche und Lesen sind die Basis der wissenschaftlichen Arbeit. Also gehen Sie in die Bibliothek und wühlen Sie sich durch Bücher, Fachzeitschriften und Konferenzbände. Die Menge der Literatur kann Lähmungen hervorrufen. Sie können nicht alles lesen; die Auswahl macht's. Das ist das große Problem am Anfang, und seien Sie sicher: Es bleibt auch später eins. Hier helfen nur Geduld und Erfahrung.

Wenn Sie sich in ein neues Gebiet einarbeiten, fragen Sie am besten eine kompetente Person nach der Standardliteratur. Sie wird Ihnen auch die einschlägigen Zeitschriften nennen, mit denen Sie sich auf dem Laufenden halten können. In den modernen Bibliotheken ist es über die EDV recht leicht, durch Stichwortsuche herauszufinden, was es alles so gibt. Das Bibliothekspersonal oder Ihre Kollegen helfen Ihnen in Zweifelsfällen. Die Literaturrecherche im Internet wird immer komfortabler (siehe „Fundstellen im Internet" im Anhang dieses Buches).

Wesentlich ist, dass Sie einen Begriff davon bekommen, was zu welchem Gebiet gehört. Dabei helfen Kataloge, die die verschiedenen Fachgebiete noch einmal einzeln aufschlüsseln, und Lehrbücher, die einen Überblick vermitteln. Scheuen Sie sich nicht vor „populären" Darstellungen (die oft von hochrangigen Wissenschaftlern verfasst wurden), solche Bücher sind oft sehr nützlich, wenn es darum geht, Ansätze und Ideen zu verstehen, ohne gleich ins Detail zu gehen. Lassen Sie sich nicht von den Dünkeln mancher Wissenschaftler anstecken, die Sachbücher irgendwie unwissenschaftlich finden.

Die Universitätsbibliotheken sind nicht nur den Hochschulangehörigen vorbehalten. Auch wenn Sie nicht den offiziellen Status „Doktorand/in" haben, können Sie dort einen Benutzerausweis beantragen. In der Benutzungsordnung der UB Karlsruhe beispielsweise heißt es: „Zur Benutzung der Bibliothek wird nach Maßgabe des § 1 und der besonderen Bestimmungen für die einzelnen Benutzungsarten jede Person zugelassen, deren Tätigkeit oder Interesse die Benutzung erfordert." Zumindest die Uni-Bibliothek an Ihrem Wohnort (oder in Wohnortnähe) werden Sie in der Regel problemlos benutzen dürfen.

Jede Bibliothek hat ihr System und ihre Schwerpunkte. Sind die Bücher nach Fachgebieten sortiert und frei zugänglich, nehmen Sie sich regelmäßig Zeit, an den Regalen vorbeizustreifen. Die Fakultäten und manchmal auch die Institute haben weitere Bestände. Nutzen Sie auch die Landesbibliothek. Sicher bezieht Ihr Institut verschiedene Verlagsprospekte, auch das sind wertvolle Informationsquellen.

Sind Sie schon ein bisschen orientiert, helfen Literaturhinweise in den für Sie interessanten Veröffentlichungen weiter. Sie werden sehen, dass manche Werke sehr häufig zitiert werden, einige davon sind schon vergleichsweise alt. Wenn Sie auf dem Gebiet arbeiten wollen, lesen Sie diese Publikationen, es ist wertvolle Originalliteratur. Zitieren Sie möglichst nicht „blind", das heißt, was Sie später in Ihren Arbeiten als Referenz aufführen, sollten Sie schon einmal in der Hand gehabt haben.

Das Gegenstück zu den Referenzen in Fachartikeln ist der *Science Citation Index*. Dieser gibt Aufschluss darüber, welche Publikationen wo zitiert wurden. Wenn Sie wissen wollen, wo Arbeiten fortgeführt wurden, schauen Sie dort nach (fragen Sie das Bibliothekspersonal, wo Sie den Citation Index finden; es gibt auch im Internet bereits entsprechende Projekte). Oft zitiert zu werden ist nicht immer ein Qualitätsmerkmal: Erstens gibt es viele Selbstzitate von Leuten, die sich genötigt fühlen, viel zu veröffentlichen. Zweitens gibt es auch „Negativzitate“: Etwas wird als Beispiel für einen Irrtum zitiert. Und dann gibt es auch noch so genannte „Zitierkartelle“, die nach dem Prinzip „zitierst du mich, zitiere ich dich“ funktionieren und Sie in die Irre führen können, weil Sie innerhalb der so zusammenhängenden Literatur nicht aus dem Clan dieser Wissenschaftler heraus kommen.

Literaturrecherche kostet Zeit, oft mehr, als man wahrhaben will. Aber beim Stöbern wird Ihnen vieles auffallen, Sie werden viele Anregungen für Ihre eigene Arbeit bekommen, Sie werden ein Gefühl für Sprache, Stil, Aufmachung und Layout bekommen, und Spaß macht es außerdem. Reservieren Sie sich also ausreichend Zeit für „Wühlarbeiten“.

## 4.3 Verstehen und einordnen

Ein Fachartikel ist kein Psychothriller. Während Sie in der Studienzeit größtenteils mit Lehrbuchliteratur zu tun hatten, müssen Sie während der Promotion Einzelpublikationen auf hohem Niveau lesen. Diese Artikel setzen viel Vorwissen voraus und sind meist in englischer Sprache geschrieben. Das Lesen dieser Art von Literatur muss man wirklich erst lernen. Viele Menschen werden zornig und ungeduldig, wenn sie etwas nicht verstehen. Das ist begreiflich, aber Sie können als Anfänger nicht erwarten, dass jeder Autor eines Fachartikels Sie da abholt, wo Sie gerade stehen.

In einer begrenzten Zeit das Wesentliche eines Textes zu verstehen und das Ganze auch noch behalten und anwenden können – das ist keine leichte Aufgabe. Mit technischen oder mathematischen Fachbeiträgen ist es noch einmal etwas anders. Die Sprache ist karg, und ohne den Stoff gedanklich aktiv nachzuvollziehen, hat man keinen Gewinn davon. Oberflächlichkeit ist gefährlich, weil sie zu Fehlern führt. Gründliches Lesen bedeutet Verstehen und „Aha"-Erlebnisse erzeugen. „Mit einem anderen Kopf als dem eigenen denken" – ein schönes Bild für das aktive Lesen.

Wenn möglich, verbinden Sie das Literaturstudium mit eigener Aktivität. Wenn Sie ein neues Thema angehen möchten, können Sie zum Beispiel ein Seminar anbieten. Auch wenn die Studierenden nicht so tief in die Thematik einsteigen wie Sie selbst, wird durch die Betreuung doch die Auseinandersetzung mit dem Gegenstand gefordert und gefördert. Eine andere Möglichkeit ist, mit anderen Interessenten eine kleine AG zu bilden, die sich regelmäßig trifft und über verschiedene Veröffentlichungen diskutiert. Man kann auch die Literaturrecherche aufteilen und sich gegenseitig über gelesene Artikel informieren. Wichtige Artikel sollten von allen gelesen werden.

Nutzt es etwas, die Lesetechnik zu verbessern, um schneller lesen zu können? Das kommt darauf an. Wenn Sie das Gefühl haben, dass Sie auch die Zeitung langsamer lesen als andere Leute, ist es sinnvoll, daran etwas zu tun. Auch wissenschaftliche Texte muss man hin und wieder diagonal lesen – zum Beispiel, um zu entscheiden, ob der Inhalt relevant für das eigene Forschungsprojekt ist. Die Hauptfehler beim Lesen sind Abschweifungen, Rücksprünge, leises oder inneres Mitsprechen und das Wort-für-Wort lesen. Bei einem Lesetraining wird die Blickspanne erweitert, um die Wörter in Gruppen zu erfassen, statt jedes Wort einzeln zu fixieren. Auf diese Weise können Sie Ihre Lesegeschwindigkeit deutlich erhöhen, aber dorthin führt auch nur ein Weg: Üben, üben, üben. Und für das gründliche, verstehende Lesen nutzen diese Techniken eher weniger; es ist eher für Manager gedacht, die sich mit Minimalaufwand über das Tagesgeschehen informieren müssen. Für andere ist gerade Zeitunglesen aber eine Form der Freizeitgestaltung und muss nicht rationalisiert werden.

Effektives Lesen bedeutet vor allem, sich auch zu merken, was man gelesen hat. Dazu beherzigen Sie folgende Tipps:

- Definieren Sie *Fragen*, die Ihnen der Text beantworten soll. Was wollen Sie von dem Text lernen? Worüber möchten Sie mehr wissen?
- Verschaffen Sie sich erst einen *Überblick* über den Lesestoff: Studieren Sie Inhaltsverzeichnis und Kapitelüberschriften, lesen Sie die Einleitung.
- *Entscheiden* Sie dann (besonders bei Büchern), welche Absätze Sie im Detail durcharbeiten wollen (oder müssen).
- *Bearbeiten* Sie den Lesestoff: Schreiben Sie Bemerkungen und Ideen dazu, markieren und unterstreichen Sie (aber natürlich nicht in Büchern, die Ihnen nicht gehören), entwickeln Sie eigene „Markoglyphen“: wichtig, fraglich, fotokopieren... Je mehr Sie den Lesestoff individuell bearbeiten, desto größer ist die Erinnerungsfähigkeit und damit die Chance, auch Wochen (oder Jahre!) später das Wichtigste zu erkennen. Ihre eigenen Worte erkennen Sie wieder, so wie Sie Ihren Mantel in der Theatergarderobe wiedererkennen: Sie sind auf Anhieb vertraut.
- Benutzen Sie *Exzerpiertechniken*: Schreiben Sie eine Zusammenfassung der wichtigsten Aussagen in Ihren eigenen Worten. Stellen Sie sich zum Beispiel vor, Sie sollen Ihrer Kollegin erklären, um was es geht, so dass sie entscheiden kann, ob sie das Papier lesen will. Eine Alternative zu einer solchen Inhaltsangabe ist ein grafisches Exzerpt, zum Beispiel ein Mindmap – mehr dazu später.
- *Archivieren* Sie, was Sie gelesen haben. Machen Sie es am besten gleich von Anfang an, *bevor* es unübersichtlich wird. Ob Sie dabei eine Datenbank oder eine strukturierte Textdatei verwenden, ist nicht so wesentlich, Hauptsache, Sie verstehen Ihr Ordnungsprinzip und halten sich daran. Beispiel: Sie sortieren Ihre Literatur im Regal bzw. in Hängeregistraturen

streng alphabetisch nach dem Namen des ersten Verfassers und pflegen außerdem eine Textdatei mit Quellenangaben und Stichworten. Mit den üblichen Suchbefehlen finden Sie dann schnell, was Sie suchen. Vielleicht können Sie sich auch mit einem *Karteikasten* anfreunden, in dem Sie Begriffe, Autoren, Literatur etc. verwalten. Achten Sie darauf, ihn ständig zu aktualisieren.

> Arbeitsbogen 2 eignet sich als Grundlage für verstehendes Lesen und Exzerpieren. Sie können zum Beispiel den nächsten Artikel, den Sie lesen, damit bearbeiten.

### 4.3.1
### Sprachprobleme

Der überwiegende Teil der Fachliteratur ist in englischer Sprache geschrieben und Ihre Kenntnisse sollten gut genug sein, um damit zurecht zu kommen. Besorgen Sie sich ein gutes Englisch-Wörterbuch – wenn Sie noch keines haben – und vor allem: Benutzen Sie es auch. Das ist zwar lästig, aber viele englische Wörter haben eine ganze Reihe von deutschen Übersetzungen, die Sie möglicherweise nicht parat haben. Ein falsch übersetztes Wort kann sich auf das Verständnis des ganzen Textes auswirken, und umgekehrt wirkt eine Übersetzung entmystifizierend, weil man hinter einem unbekannten Begriff leicht wer-weiß-was vermutet.

Ein besonderes Problem sind Fachbegriffe, denn diese finden Sie nicht im Wörterbuch. Fachwörterbücher, wenn überhaupt vorhanden, beschränken sich meist auf Grundbegriffe. An unbekannte Begriffe müssen Sie sich herantasten; dabei gibt es verschiedene Möglichkeiten: Sie können jemanden fragen, das ist am einfachsten und schnellsten. Sie können auch versuchen, den

Begriff in einem englischsprachigen Lehrbuch zu finden und ihn anhand der Definition zu identifizieren. Wenn das alles nicht hilft, bleibt nur der komplizierte Weg, anhand der zitierten Literatur so lange zu graben, bis Sie eine Definition oder Erklärung finden. Für spezielle Fachbegriffe gibt es meist keine deutsche Übersetzung. Hier sollten Sie die englische Bezeichnung verwenden (in der Informatik entstehen häufig Mixturen: *Softwaretechnik, Hardwareentwurf Compilerbau*). Für zentrale Begriffe in Ihrer Arbeit können Sie auch eine eigene Übersetzung „erfinden" und hoffen, dass diese sich in der Fachwelt durchsetzt (für *Compilerbau* ist auch *Übersetzerbau* gebräuchlich).

## 4.4 Was muss ich wirklich lesen?

Was muss man denn nun wirklich lesen? Am Anfang Ihrer Forschung ist entscheidend, dass Sie einen breiten Überblick bekommen, also sollten Sie querbeet lesen. Das ist auch deshalb ratsam, weil Methoden eines Gebietes häufig auf Probleme anderer Gebiete übertragen werden können. Die Informatik leiht sich beispielsweise Methoden aus der Neurobiologie aus. Aber so weit müssen Sie gar nicht gehen. Auch innerhalb einer einzelnen Disziplin gibt es viele Querverbindungen, die noch nicht ausgenutzt werden. Darum schnuppern Sie in verschiedene Gebiete hinein! Seien Sie nicht verärgert, wenn Ihnen niemand einen Literaturkanon angibt. Das, was Sie gelesen haben, wird irgendwann Ihr ganz individuelles fachliches Profil ausmachen.

So wichtig es ist, sich eine breite Basis zu schaffen, es liegt auch eine Gefahr darin. Denn wie leicht verzettelt man sich, verliert den Überblick, hortet Papier, das man doch nicht liest! Deshalb halten Sie hin und wieder inne und fragen Sie sich, wo Ihr roter Faden ist!

> Arbeitsbogen 3 soll Sie dazu anregen, interessante Themen und Fragen zu sammeln. Was ist Ihr momentanes Interessengebiet? Welche Themen gruppieren sich darum? Wenn Sie das Gefühl haben, Ihre Schwerpunkte haben sich verschoben, sollten Sie erneut über diese Fragen nachdenken.

### 4.4.1 Auswählen und Bewerten

Ihre fachliche Urteilskraft ist eine der Fähigkeiten, die Sie mit dem Erwerb des Doktortitels unter Beweis stellen. Zu entscheiden, was man liest und was im Altpapier landet, ist kompliziert und erfordert viel Erfahrung. Sie müssen nicht nur beurteilen, was für Sie relevant ist, sondern auch, was qualitativ hochwertig und was zweitklassig ist. Leichtgläubigkeit ist dabei ebenso gefährlich wie vorschnelle Verurteilung, möglicherweise noch gepaart mit Arroganz (manche Wissenschaftler gefallen sich darin, ganze Fachgebiete abzuqualifizieren). Wenn Sie sich unschlüssig sind, stellen Sie sich folgende Fragen:

- Wo ist die Arbeit veröffentlicht – in einem renommierten Verlag oder als interner Report? Bei Konferenzberichten: Was für eine Konferenz ist das, wie hoch ist die Qualität anderer Beiträge, wer war im Programmkommittee?
- Wurde sorgfältig gearbeitet oder fallen schon Tippfehler ins Auge? Hält sich die Arbeit an die Gepflogenheiten des Fachs? Wird korrekt zitiert? Sind die verwendeten Begriffe eindeutig? Ist der Aufbau der Arbeit klar und übersichtlich?
- Welche Arbeiten werden als Referenzen angegeben? Welche fehlen? Sind verwandte Ansätze betrachtet worden?
- Wer ist der Autor oder die Autorin? Kennen Sie sein oder ihr Arbeitsumfeld? Sind bekannte Personen in der Danksagung erwähnt?

Diese Fragen mögen sich an der Oberfläche bewegen. Aber Sie können unmöglich bei jedem Papier, das Ihnen in die Hand fällt, alle Einzelheiten überprüfen und die Substanz herausschälen (siehe auch Kapitel 3). Es ist im Übrigen Aufgabe des Autors, Sie schnell und eindeutig über seine Ergebnisse ins Bild zu setzen. Tut er das nicht, setzt er sich dem Verdacht aus, dass die Ergebnisse doch nicht so durchschlagend sind.

Aber lassen Sie sich auch nicht von bekannten Persönlichkeiten blenden. Auch diesen können Fehler unterlaufen, und selbst unter Autoritäten herrscht nicht immer Einigkeit. Dieses *Gutachterdilemma* (das Problem, aufgrund widersprüchlicher Expertenmeinungen zu entscheiden) ist nicht nur ein persönliches Problem, sondern betrifft Wissenschaft und Gesellschaft gleichermaßen. Man denke nur an die vielschichtigen Auseinandersetzungen um Kernenergie und Gentechnik; wir erwähnten es bereits.

### 4.4.2 Sich auf dem Laufenden halten

Normalerweise wird zu Beginn der Promotionszeit am meisten gelesen; später konzentriert man sich mehr auf die eigenen Ideen. Machen Sie dennoch das Lesen zu einem festen Bestandteil Ihrer Arbeit, und zwar die ganze Zeit. Sie müssen Ihre Arbeit mit anderen vergleichen können, und dafür müssen Sie diese kennen.

Ist die eigene Forschung schon weiter fortgeschritten, kann sich die Furcht einschleichen, jemand könnte schneller gewesen sein als man selbst und die eigenen Ideen vorweggenommen haben. Aus dieser – oft unbewussten – Befürchtung heraus das Lesen zu meiden, ist Selbstbetrug. Ob die Ideen, die anderswo geäußert werden, den eigenen entsprechen, muss man überdies genau untersuchen. Wenn ein mathematischer Satz an anderer Stelle bewiesen wurde, kann man den Beweis natürlich nicht mehr als den eigenen ausgeben; aber viele Forschungsarbeiten unterscheiden sich bei näherem Hinsehen deutlich in Herkunft, Zielsetzung und Anwendbarkeit.

Wir haben es heute deutlich leichter, an Informationen heranzukommen – allerdings wächst die Zahl der Veröffentlichungen ständig, und es wird immer schwieriger, einen Überblick selbst über ein eingegrenztes Gebiet zu behalten. So ganz absurd ist daher diese Geschichte, von Tucholsky erzählt, auch heute nicht:

*In Polen lebte einmal ein armer Jude, der hatte kein Geld, zu studieren, aber die Mathematik brannte ihm im Gehirn. Er las, was er bekommen konnte, die paar spärlichen Bücher, und er studierte und dachte, dachte für sich weiter. Und er erfand eines Tages etwas, er entdeckte es, ein ganz neues System, und er fühlte: ich habe etwas gefunden. Und als er seine kleine Stadt verließ und in die Welt hinauskam, da sah er neue Bücher, und das, was er für sich entdeckt hatte, das gab es bereits: es war die Differentialrechnung. Und da starb er. Die Leute sagen: an der Schwindsucht. Aber er ist nicht an der Schwindsucht gestorben.*

*Kurt Tucholsky*

Um so wichtiger ist es für Sie, aktuelle Entwicklungen mitzuverfolgen. Nehmen Sie auf jeden Fall Kontakt auf zu den Leuten, die in dem Spezialgebiet, in dem Sie arbeiten, führend sind. Dadurch können Sie sich am ehesten davor schützen, das Rad neu zu erfinden. Besuchen Sie nach Möglichkeit die entsprechenden Konferenzen. Da sehen und hören Sie nicht nur Vorträge, Sie schnappen auch manches in der Kaffeepause auf.

## 4.5 Sich spezialisieren

Um das eigene Thema zu finden, muss man sich immer mehr spezialisieren. An den langen Titeln von Dissertationen können Sie ablesen, *wie* stark diese Spezialisierung ist. Dahin kommen Sie nicht von einem Tag zum andern. Eine gewisse Zeit müssen Sie bewusst als Orientierungsphase einplanen. In dieser Phase können hier und da Ideen aufkommen, welches Thema interessant wäre oder wie gewisse Probleme anzugehen sind, kurzum, wohin die Reise gehen wird. Ein Ausgangspunkt sind die Interessen und Schwerpunkte, die Sie während Ihres Studiums entwickelt haben.

Sehr sinnvoll ist es, alle Anregungen, Ideen, Fragen und auch flüchtige Gedanken in irgendeiner Form festzuhalten. Ein Notizbuch („Kladde"), das man auch zu Vorträgen, Meetings usw. mitnehmen kann, leistet hier gute Dienste (Fachbegriff: „Journal" – Tagebuch). Wichtig ist, die Notizen hin und wieder nachzuarbeiten. Nach einiger Zeit lässt sich auf diese Weise auch ein Fortschritt feststellen: Manche Fragen sind beantwortet, andere haben sich als irrelevant erwiesen, wieder andere waren sehr fruchtbar und haben neue Fragen und Ideen nach sich gezogen. Aber es kann auch vorkommen, dass nach Jahren dieselbe Frage noch einmal auftaucht und man schon längst vergessen hat, was man damals dazu gelesen hatte.

Ein Thema ist nicht plötzlich da, sondern wird in einem längeren Prozess angenähert. „Einkreisen" kann auch bedeuten, mehrere Kreise zu ziehen und die Schnittmenge zu bilden – das ist bei Forschungsarbeiten sogar recht häufig. Wenn Sie Löcher in die Luft starren und überlegen, was Ihnen Spaß machen könnte und was Sie dazu schon gelesen haben, sind Sie bereits mittendrin.

## 4.6 Das Themafixieren

Im Idealfall haben Sie als Ergebnis Ihrer Recherche und Ihrer Vorarbeit irgendwann ein Gerüst, an dem Sie sich orientieren und das sich auf folgende Fragen stützt:

- WAS ist das Problem/die Frage/der Untersuchungsgegenstand?
- WIE kann es gelöst/bearbeitet werden?
- WAS haben andere dazu erarbeitet?
- WELCHE Ideen habe ich selbst entwickelt?
- WIE ist diese Arbeit im Kontext der Forschung zu bewerten?

Hier ein Beispiel dazu (hypothetisch, aber, wie wir hoffen, halbwegs verständlich):

- Problem: Wie kann sich ein kleines Fahrzeug selbständig von A nach B bewegen, ohne an Hindernissen zu scheitern?
- Ansatz: Verfahren der Künstlichen Intelligenz/Robotik
- Vorhandene Arbeiten: Künstliche Neuronale Netze zur Robotersteuerung
- Idee: Unscharfe (fuzzy) Logik mit Neuronale-Netze-Ansätzen verbinden, um schnellere Reaktionsfähigkeit zu erreichen
- Einordnung: Fuzzy Ansätze sind einfacher zu implementieren, Experimente zeigen auch weniger Kollisionen mit Hindernissen

Die Reihenfolge dieser Fragen ist logisch, aber nicht immer chronologisch. In der Realität verläuft die zeitliche Entwicklung oft genau anders herum: Man fängt mit einer Idee an, entwickelt ein Verfahren (eine Lösung ohne Problem) und sucht dann nach einem passenden Problem. Das klingt zwar abenteuerlich, ist aber zumindest in der Informatik durchaus gängig und auch nicht grundsätzlich verwerflich.

Das Vorgehen „vom Problem zur Lösung“ entspricht einem „top-down“-Ansatz, unter „bottom-up“ versteht man das umgekehrte Vorgehen, eine Methode zu entwickeln und für diese dann Anwendungsgebiete zu finden. In der Praxis vermischen sich „top-down“ und „bottom up“ meistens.

Es kann helfen, auch Themengebiete durch ein Seminar oder andere Wege zu beleuchten, die nicht direkt zum Problem passen, zuweilen finden sich auch so neue Ansätze. Wichtig ist, dass man die fünf Fragen im Kopf behält und in der Dissertation dann auch beantworten kann.

Wenn Sie den Gegenstand Ihrer Arbeit fixieren, bedenken Sie:

- Auch über Krisenzeiten und Durststrecken hinweg müssen Sie Ihr Thema spannend finden. Wenn Sie nicht richtig warm werden können mit einer vorgegebenen Aufgabenstellung, werden Sie vermutlich nur an der Oberfläche kratzen und Ihre Arbeit wird nicht gut werden. Darum werden Sie sich auch darüber klar, was Ihre eigentlichen fachlichen Interessen sind!
- Das Thema muss einerseits anspruchsvoll genug für eine Doktorarbeit sein, andererseits aber übersichtlich genug, um in der gegebenen Zeit machbar zu sein. Sie können in ein paar Jahren nicht „die Welt lösen“, und wenn Sie sich noch so anstrengen!
- Ihr Betreuer muss einverstanden sein. Hier ist abzuwägen: Handelt es sich um sein engeres Spezialgebiet, wird er Sie unterstützen können und zu jeder Zeit in der Lage sein, den Wert Ihrer Arbeit zu beurteilen. Er wird Sie möglicherweise aber auch gängeln. Kennt er sich mit Ihrem Thema nicht so gut aus, müssen Sie sich um zusätzliche fachliche Unterstützung bemühen, haben dafür aber mehr Freiheit.

Um es noch einmal zu betonen: Was Sie nicht wirklich brennend interessiert, taugt als Thema nicht. Darum ist es auch besonders wichtig, das Thema *selbst* zu wählen – in Absprache mit dem Betreuer, versteht sich. Wie erwähnt ist das manchmal etwas heikel, aber in diesem Punkt sollten Sie sich wirklich nicht Ihren Harmoniebestrebungen hingeben, dazu hängt zuviel daran. Um ein Thema muss man ringen – mit dem Gegenstand, mit dem Betreuer und mit sich selbst. Von diesem Kampf ist auch im nächsten Abschnitt die Rede.

**Wollen Sie mehr wissen?** Eine sehr amüsante Darstellung des Lesens findet sich in [Pennac 03]; für wissenschaftliche Zwecke empfiehlt sich [Stary und Kretschmer 94].

# 5 Woher kommen die Ideen?

*Das Denken gehört zu den größten Vergnügen der menschlichen Rasse.*

*Bertolt Brecht*

*Denken ist die schwerste Arbeit, die es gibt. Darum ist sie bei vielen Menschen so unbeliebt.*

*Günther Weißenborn*

Ein großer Teil der wissenschaftlichen Arbeit ist unsichtbar. Man kann geistige Schwerstarbeit leisten, während man aus dem Fenster starrt oder Männchen aufs Papier malt. Und andererseits kann man Dutzende unnützer Stunden in Laboren und vor Bildschirmen verbringen. Ein Weiterkommen ist manchmal nur schwer zu erkennen. „Wie weit bist du denn so?“ fragt die unbedarfte Verwandtschaft, eine Frage, die schon im Studium genervt hat. Wer seine Wohnung geputzt hat, sieht hinterher erschöpft die Ergebnisse seiner Arbeit und lehnt sich zufrieden zurück. Bei einer geistigen Arbeit ist der Erfolg nicht immer so klar sichtbar (dafür aber weniger vergänglich).

Etwas verstehen und eigene Ideen entwickeln – das braucht vor allem eins: Muße. Muße ist, laut Duden, „freie Zeit und innere Ruhe, um etwas zu tun, was dem eigenen Interesse entspricht“. Wenn Sie Ihr Forschungsthema mögen, werden Sie diese innere Ruhe genießen. Wie Sie sich solche „Mußestunden“ schaffen, lesen Sie in Kapitel 6. In diesem Abschnitt geht es um das, was in diesen Stunden passiert.

Um sich eine Sache anzueignen, genügt es nicht, sich etwas nur durchzulesen oder einen Vortrag zu hören; es sind eigene Aktivitäten nötig. Sie müssen die Dinge hin- und herdrehen, mal hier, mal dort beginnen, Hypothesen aufstellen, beweisen, verwerfen, Szenarien durchdenken, Beispiele suchen. Sie müssen sehr kritisch auch mit Ihren eigenen Gedanken umgehen und dürfen den kniffeligen Fragen nicht ausweichen. Wenn Sie merken, dass Sie das anstrengt, befinden Sie sich in bester Gesellschaft.

## 5.1
## Forschen und Kreativität

*Die Gelehrten sind Opfer ihres Berufs. Sie sind dünn und bleich, ihre Füße sind kalt, ihre Köpfe sind heiß, ihre Nächte ohne Schlaf.*

*Ralph Waldo Emerson*

Für den kreativen Prozess der Forschung gibt es verschiedene Modelle, zum Teil auch nach Disziplinen unterschieden. In [Werder 95] werden, nach einem Modell von Preiser, vier Phasen angegeben, die wir hier zusammengefasst wiedergeben, ohne der Unterscheidung nach Disziplinen zu folgen:

- *Inspiration*: Identifikation und Definition eines Problems, Wahl eines Forschungsproblems, Auswahl eines Schlüsseltextes
- *Inkubation*: Sammlung von Daten und Informationen, Wahl einer Forschungsmethode, Studium von Texten
- *Illumination*: Definition von Grenzen der Erkenntnis, Formulierung von Hypothesen, Analyse von Daten
- *Verifikation*: Überprüfen von Hypothesen, Interpretation von Datenanalysen, Erweiterung der Hypothesen, Abfassen eines Berichtes

Unter *Inspiration* fallen Literaturstudium, Vorträge, das Entdecken von Problemstellungen. *Inkubation* bedeutet *Brüten.* Auf diesen Vorgang gehen wir später noch ein. Ergebnis der Inkubation ist eine zündende Idee oder ein spontaner Einfall. Nur selten ist es eine geniale Erfindung. Doch selbst wenn man eine gute Idee hat, die eigentliche Arbeit folgt dann erst.

*Illumination* bedeutet, diese Idee auszuleuchten. Funktioniert der Ansatz? Beispiel Informatik: Man denkt sich „Spielbeispiele" aus und probiert die Lösungsidee auf dem Papier. Dann werden kleine Programme geschrieben und untersucht. Wenn das erfolgreich zu sein erscheint, geht es an realistischere Problemstellungen heran. *Verifikation*: Nach welchen Kriterien ist der Ansatz zu bewerten? Wie verhält er sich zu existierenden Arbeiten? Welche Probleme kann man damit lösen? Welche neuen Fragen werden aufgeworfen?

Diese Einteilung entspricht nur teilweise einem zeitlichen Ablauf. Das Wechselspiel zwischen diesen verschiedenen Aktivitäten funktioniert so ähnlich wie Jo-Jo spielen: „Oben" bemüht man sich um den Überblick; dann geht man nach „unten" in die Tiefe (in die Einzelheiten) und probiert, bedenkt, sucht nach Belegen. Nach dem „Auftauchen" vergleicht man, ordnet, liest weiter, dann geht es wieder „runter". Man arbeitet an kleinen Lösungen und muss dennoch das große Ziel im Auge behalten.

*Eine Geschichte aus dem christlichen Mittelalter: Ein Reisender kommt an einer Baustelle vorbei, an der zwei Arbeiter Steine schleppen. Er fragt den ersten Arbeiter: „Was machst du da?" „Ich schleppe Steine", ist die Antwort. „Und was machst du?" fragt er den zweiten Arbeiter. „Ich baue ein Kathedrale."*

## 5.2 Wie man auf neue Ideen kommt

*Ich habe nie Wertvolles zufällig getan. Meine Erfindungen sind nie zufällig entstanden. Ich habe gearbeitet.*

*Thomas Alva Edison*

*Ich suche nicht, ich finde.*

*Pablo Picasso*

Ideen fallen nicht vom Himmel. Es war immer schon vorher etwas da. Die Erfindung des Rades ist mit keinem Namen verknüpft, weil sie so elementar war und sich an mehreren Stellen aus ähnlichen Voraussetzungen und Bedürfnissen ergab. Pythagoras hat wohl kaum krampfhaft nach dem „Satz von Pythagoras" gesucht oder gar darauf gewartet, dass er ihm spontan einfiele. Auch ein zündender Funke braucht Nahrung. Daher ist die beste Voraussetzung

zung für eine gute Idee zuerst einmal, sich auf etwas einzulassen und an irgendeiner Stelle anzufangen zu „graben".

Um der eigenen Kreativität auf die Sprünge zu helfen, ist es hilfreich, zu wissen, wie das menschliche Gehirn funktioniert. Man weiß inzwischen, dass die beiden Gehirnhälften unterschiedlich arbeiten. Die *linke* Gehirnhälfte führt analytische Aufgaben durch. Dazu gehören logisches Denken, Organisieren, Planen. Sie arbeitet sequentiell und vergleichsweise langsam. Die *rechte* Gehirnhälfte unterstützt die Kreativität. Hier werden visuelle Informationen verarbeitet, schnell und ohne Zeitbezug. Die Information wird hier ganzheitlich verarbeitet. Während die linke Gehirnhälfte dazu tendiert, Aspekte wie Analyse, Sequenz, Ordnung oder Struktur zu verarbeiten, sind es bei der rechten Gehirnhälfte Aspekte wie Farbe, Synthese, Geruch oder Ganzheit. Um die Kapazität des Gehirns optimal auszunutzen, sollte man „zweihirnig" denken und arbeiten (siehe [Birkenbihl 99] oder [Buzan 98]).

## 5.3 Brainstorming

Wie gelingt es, mit beiden Gehirnhälften zu arbeiten und so neue Ideen zu entwickeln? Wir stellen hier *Brainstorming* vor, eine Technik, die eher für kommerzielle Zwecke entwickelt wurde, aber auch für die Forschung anwendbar ist. Eine Form, die dabei das kreative Schreiben einbezieht, ist das *Brainwriting*.

Das klassische *Brainstorming* hat seinen Ursprung in Indien und wurde in den 50er Jahren von dem Direktor einer Marketingfirma, Osborne, ausgearbeitet. Es handelt sich in der ursprünglichen Form um eine zielgerichtete Ideenkonferenz. Das wesentliche Konzept ist die Kombination von Zeitdruck, Teamarbeit und Überlistung des linearen Denkens. Eine solche Sitzung sollte aus etwa 5-7 Teilnehmern bestehen und nicht länger als 20 Minuten dauern. Zu Beginn erfolgt eine kurze Problemdefinition und Zielformulierung, dann nennt jeder Vorschläge, die für alle sichtbar aufgeschrieben werden. Dabei sollten die folgenden vier Regeln unbedingt eingehalten werden:

- Freies Spiel der Gedanken: Jede Idee, auch die unsinnigste, kurioseste ist erwünscht; die Erfahrung zeigt, dass gerade ausgefallene Ideen oft erfolgreich sind.
- Kritik ist verboten: Jegliche Bewertung ist zu vermeiden.
- Quantität vor Qualität: Es werden möglichst viele Ideen gesammelt, da maximal 10 Prozent von ihnen verwertbar sind.
- Die Ideen (anderer) können aufgegriffen, kombiniert und weiterentwickelt werden.

Eine solche Sitzung lässt sich mit Kollegen, Studenten oder in einer AG durchführen. So kommen in kurzer Zeit oft interessante Aspekte und Ideen zum Vorschein.

Sie können aber auch allein mit dieser Technik arbeiten (*individuelles Brainstorming*):

- Formulieren Sie Ihr Problem schriftlich, mehrfach unter verschiedenen Blickwinkeln.
- Notieren Sie Bilder, Empfindungen, Gedanken etc. – unter Beachtung der vier Grundregeln! – auf einem Blatt Papier oder auf Karteikarten. Mischen Sie die Karteikarten – vielleicht ergeben sich neue Ideen durch Kombinieren.
- Bewerten Sie die Ideen, sondern Sie aus, machen Sie eine Rangliste und arbeiten Sie die beste Idee weiter aus.

Vielleicht haben Sie nicht gleich beim ersten Anlauf Erfolg, aber Sie werden Verkrampfungen lösen und nicht nur ratlos Löcher in die Luft starren. Oftmals ist es, als sei die Idee schon da und müsse nur ausgegraben und hervorgelockt werden.

## 5.4 Ideen gehirngerecht darstellen

Eine weitere Technik baut auf der Erkenntnis auf, dass der Zugriff auf Informationen meist über einzelne Schlüsselworte, Begriffe und Bilder erfolgt, und dass die einzelnen Informationen miteinander verkettet sind. Ein typisches Beispiel ist ein Urlaubsfoto, an das alle möglichen sinnlichen Eindrücke der Reise geknüpft sind – beim Betrachten fallen uns die Erlebnisse plötzlich wieder ein. Das Foto hat Ihnen sozusagen eine Tür geöffnet. Versuchen Sie einmal, Ihre Telefonnummer rückwärts zu sagen. Bestimmt stellen Sie sich die Nummer vorwärts vor und „lesen" Sie rückwärts ab; Ihr Zugang ist hier die ursprüngliche Reihenfolge.

Vereinfacht gesagt: Gehirngerechtes Darstellen von Informationen sollte einerseits vielfältig erfolgen, nicht nur in der klassischen Textstruktur, sondern auch grafisch, und andererseits sollten Schlüsselbegriffe verkettet dargestellt werden. Beides lässt sich mit sogenannten Mindmaps® erreichen, siehe [Buzan 98] oder [Beyer 93].

Sie müssen kein Experte sein, um solche „Gehirnkarten" anzufertigen. Gehen Sie nach folgenden Regeln vor:

- Nehmen Sie ein unliniertes Blatt im Querformat zur Hand (mindestens Din A4).
- Zeichnen Sie in der Mitte den zentralen Begriff, das Thema, die Frage, das Ziel ein und umranden Sie ihn.
- Für jeden weiteren Begriff zeichnen Sie eine Verbindungslinie vom Ursprung und schreiben Sie, am besten in Großbuchstaben, den Begriff darauf.
- Gibt es weitere Unterbegriffe oder es fällt Ihnen zu einem Begriff noch etwas ein, bilden Sie neue Verzweigungen.

- Wählen Sie möglichst nur ein einziges Wort (Schlüsselbegriff) für jeden Zweig. Damit zwingen Sie sich, die Dinge auf den Punkt zu bringen.
- Malen und zeichnen Sie so viel wie möglich, lassen Sie sich Symbole einfallen, die Sie dazu zeichnen. Alles ist erlaubt! Gerade Bilder, Skizzen und grafische Elemente regen Ihre rechte Gehirnhälfte zum Mitmachen an.
- Nutzen Sie verschiedene Farben, Formen, Strukturen, um bestimmte Dinge oder Aspekte zu betonen.

Ein einfaches Beispiel für ein solches Mindmap ist im Folgenden dargestellt. Es beschreibt die oben genannten Grundregeln in Form eines Mindmaps.

Diese Darstellungstechnik eignet sich besonders gut, wenn Sie neue Informationen, deren Struktur Sie noch nicht kennen, aufarbeiten wollen. Durch den grafischen Aufbau können Sie an beliebiger Stelle etwas nachtragen. Sie können Mindmaps in vielen Situationen anwenden, zum Beispiel als Vortragsmitschriften, Buchzusammenfassungen, zur Prüfungsvorbereitung und zur Aufgabenplanung. Sie können es aber auch im Team als Mitschrift beim Brainstorming nutzen.

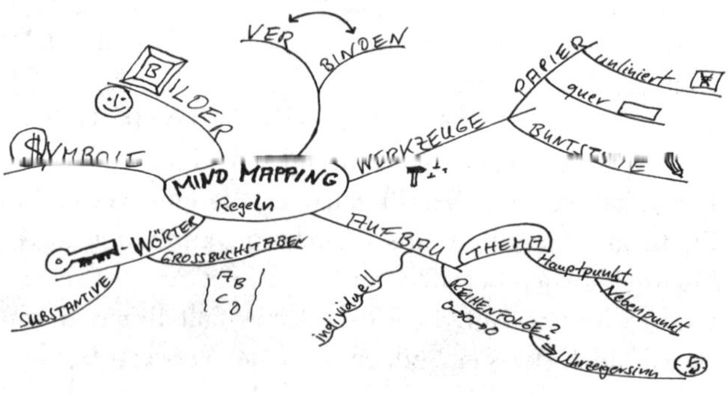

Nutzen Sie einmal die Zeit, die Sie in Vorträgen sitzen und erstellen Sie ein solches Mindmap; Sie werden feststellen, dass Sie besser mitdenken, mehr behalten und eine brauchbare, schnell fassliche Mitschrift haben. Gerade die Schlüsselwörter zwingen Sie dazu, die wesentlichen Aspekte zu erkennen und herauszufiltern. Auch als Zusammenfassung für einen Fachartikel eignet sich diese Technik.

Schließlich können Sie mit einem Mindmap Ihr Promotionsthema skizzieren und an die Wand hängen. Jedes Mal, wenn Ihnen etwas Neues dazu einfällt, können Sie es dort eintragen, und Sie sehen, wie das Bild langsam wächst. Der sichtbare Fortschritt tut auch Ihrem Seelenleben gut.

> Am besten probieren Sie es gleich aus und erstellen Ihr erstes Mindmap auf dem Arbeitsbogen 4, zum Beispiel über das, was Sie bis jetzt in diesem Buch gelesen haben.

## 5.5 Kreativität lässt sich nicht erzwingen

*Wir können uns nicht fortgesetzt inspirieren lassen. An manchen Tagen ist kein Funken Elektrizität in der Luft, an anderen dagegen knistert es an allen Ecken und Enden wie bei einem Katzenrücken.*

*Ralph Waldo Emerson*

*Setzen Sie sich ganz intensiv mit dem Gegenstand Ihres Interesses auseinander... und warten Sie!*

*Lloyd Morgan*

Auch wenn die beschriebenen Hilfsmittel Ihrer Kreativität auf die Sprünge helfen, werden Sie nicht zu jeder Zeit gute Ideen haben. Daran lässt sich nichts ändern. An manchen Tagen können Sie es vielleicht kaum erwarten, sich an Ihren Schreibtisch zu setzen und anzufangen, all ihre guten Einfälle aufzuschreiben, an anderen kommen Sie gar nicht erst in Gang, fühlen sich schlapp und es fällt Ihnen einfach nichts ein.

Wenn Sie merken, dass Sie nicht voran kommen, sind Sie vielleicht einfach nur ermattet, oder es fehlen Ihnen ganz elementare Dinge: $H_2O$ oder $O_2$. Also trinken Sie etwas und machen Sie die Fenster auf. Alan Turing war nicht nur ein begnadeter Mathematiker, sondern auch ein begeisterter Läufer! Vielleicht sind Sie auch richtig ausgepowert und brauchen Urlaub.

Aber bremsen Sie Ihren Impuls, vor Ihrer Arbeit davonzulaufen. Das macht es nur noch schwerer, wieder einen Anfang zu finden, und die erneute Flucht wird immer wahrscheinlicher.

Was für Sie gerade richtig ist – sich unterbrechen oder hartnäckig dranbleiben – müssen Sie unterscheiden lernen. Da das Unterbrechen zwar aus der natürlichen menschlichen Trägheit heraus attraktiver ist, ihm aber immer der Beigeschmack der Faulheit anhaftet, hier ein ausdrückliches Plädoyer für das Innehalten zum richtigen Zeitpunkt: Die Arbeit ganz bewusst zu unterbrechen und etwas anderes zu machen, hat den Effekt, dass die Entspannung den Gedanken ermöglicht, sich zu „setzen" und sich zu entwickeln. Untersuchungen haben gezeigt, dass viele gute Ideen in der Natur, in den Ferien oder auf Reisen entstehen – und nicht am Arbeitsplatz. Ursache dafür ist, dass in einem entspannten Gemütszustand Gedanken „absacken" und im Unterbewusstsein rumoren. Oben war schon von der Inkubationszeit die Rede. Wie Krankheiten, die im Verborgenen schlummernd auf ihre Zeit warten, geht es auch mit Ideen. Irgendwann kommt eine intuitive Einsicht, ein plötzlicher Einfall, Ihr persönliches „Heureka – ich hab's gefunden!" Deshalb ist Entspannung oft sinnvoller als verkrampftes Suchen. Und darum ist die Badewanne manchmal doch der geeignete Aufenthaltsort für Forscher – auch wenn es nicht um den Auftrieb geht. So schildert es auch Montaigne, dem das aber gar nicht so zu behagen scheint:

*Das gefällt mir nicht an mir selbst, dass mein Geist seine tiefsten und tollsten Einfälle, die gerade, die mir am besten gefallen, so unversehens empfängt, wenn ich gar nicht darauf vorbereitet bin, und dass sie mir dann auch plötzlich wieder entschwinden, da ich sie nicht festhalten kann: nämlich zu Pferd, bei Tisch, im Bett, am meisten aber zu Pferd, wo ich meine längsten Selbstgespräche habe.*

*Michel de Montaigne*

Bertrand Russell, der seine Bücher sehr schnell schrieb und wenig überarbeitete, berichtet davon, wie er diese Inkubationszeit nutzt – auch wenn er es nicht so nennt:

*Diesen Vorgang des Versenkens kann man auch mit voller Absicht herbeiführen und auf solche Weise dem Unterbewusstsein eine höchst nützliche Rolle zuteilen. So habe ich z.B. herausgefunden, dass die beste Methode, wenn ich über ein besonders schwieriges Thema zu schreiben habe, darin besteht, dass ich zunächst ein paar Stunden oder auch Tage lang intensiv – so intensiv ich überhaupt kann – darüber nachdenke und nach Ablauf dieser Zeit sozusagen dem Unterbewusstsein den Befehl gebe, die Arbeit im stillen fortzusetzen. Nach einigen Monaten kehre ich bewußt zu dem Gegenstand zurück und kann dann feststellen, dass die Arbeit geleistet ist. Bevor ich diese Technik heraus hatte, quälte ich mich in der Zwischenzeit unsinnig ab, weil ich nicht vorankam; doch durch Grübeln rückte ich der Lösung durch nichts näher, und die Monate waren vergeudet, während ich sie jetzt anderen Aufgaben widmen kann.*

*Bertrand Russell*

Es ist oft schwer, sich vom Schreibtisch loszureißen, manchmal auch schwer, sich Erholung zu gönnen. Vielleicht hilft Ihnen Ihr Partner oder Ihre Partnerin dabei. Machen Sie sich bewusst, dass Sie, wenn Sie nicht mehr fit sind, Fehler produzieren, deren Beseitigung sehr aufwändig sein kann und dass Sie möglicherweise anfangen, Ihre Arbeit zu „verschlimmbessern". Krallen Sie sich nicht an Ihrem Zeitplan fest, wenn Sie Kopfweh haben oder gerade unsterblich verliebt sind. Oder ist das bei Ihnen ein Dauerzustand?

## 5.6 Was noch nützt

Es ist nicht die richtige Strategie, sich an einem Problem festzubeißen. Das ist auch aus anderen Bereichen bekannt: Wenn man etwas sehr verkrampft anstrebt, erreicht man es gerade darum nicht. Das gilt für das Bemühen, sich zu verlieben, einzuschlafen oder schlagfertig zu sein. Besser ist, sich etwas anderem zuzuwenden und auf die Kraft des Unterbewussten zu vertrauen, eben *loszulassen*. Dabei helfen können

- Körperliche Aktivitäten: Sport, Hausputz, Gartenarbeit
- Etwas mit den Händen tun: Basteln, Kneten, Werkeln
- Ein mehrgängiges Menü kochen und genießen oder ein Brot backen
- Entspannung, Meditation oder einfach schöne Musik hören.

Weise ist, wer schlafen kann, ohne sich dafür zu entschuldigen. So weise müssen Sie gar nicht sein: Entschuldigungen, vom Schreibtisch zu flüchten, haben Sie jetzt genug.

**Wollen Sie mehr wissen?** Zu den Themen Kreativität, Problemlösungen und zweihirniges Denken: [Birkenbihl 99], [Buzan 98], [Beyer 93], [Malorny et al. 02], [Mason 92], [Polya 95], [Vollmar 2000].

# 6 Wie werde ich den Zeitdruck los?

*Eigentlich bin ich ganz anders,*
*nur komm ich so selten dazu.*

*Ödon Horvarth*

*Wenn ich neun Stunden hätte, um einen Baum zu fällen,*
*wurde ich sechs Stunden mit dem Schärfen der Axt verbringen.*

*Abraham Lincoln*

Fragt man die Leute an der Uni, wie sie mit ihrer Zeit umgehen, bekommt man manchmal recht seltsame Antworten. Besonders verbreitet ist diese: „Ich kann nur unter Zeitdruck arbeiten". Da werden Fristen bis zur letzten Minute ausgeschöpft oder auch überschritten, Folien werden auf dem Weg zur Tagung geschrieben, eine Woche vor der Deadline wird jede Freizeitaktivität gestrichen. Es gibt dramatische Geschichten von Nacht- und Wochenendarbeit, von in allerletzter Minute ausgefallenen Druckern, dem Samstagnacht herbeigerufenen Systemadministrator, Kindern, die ihre Eltern nur noch vom Vorbeilaufen kennen. In staubigen Büros stapeln sich Papiere und krustige Kaffeetassen. Promovieren und 8-Stunden-Tag? Dass ich nicht lache!

Diese Geschichten werden erst nach einigen Jahren zur Anekdote. Vorher sind sie weniger lustig. Der Zeitdruck kann uns psychisch und gesundheitlich angreifen und zum Scheitern der Promotion führen.

Viele Menschen spüren, dass da irgend etwas falsch läuft und nehmen sich immer wieder vor, ab morgen „alles anders“ zu machen. Oft klappt das nicht. Dieses Kapitel soll Sie dazu einladen, etwas intensiver darüber nachzudenken, warum das so ist.

## 6.1 Was ist das – Zeit?

Wir haben meist die Vorstellung, dass Zeit etwas objektiv Messbares ist, das wir mit unseren Aktivitäten verplanen können. Zeit erscheint als die Summe von Minuten, Stunden und Tagen, als etwas, das von uns bestimmt und beherrscht wird. Zeit erscheint, bildlich gesprochen, als eine gerichtete Linie. Der Zeitforscher Karlheinz Geißler nennt diese Zeitvorstellung *linear*. Sie geht einher mit der Vorstellung von Wachstum, Fortschritt und Kontrolle über die Natur. Zeit ist etwas, das von uns gestaltet, geplant, beherrscht, „gemacht“ wird.

Dies ist aber nur ein Aspekt der Zeit. Zeit hat auch viel mit Rhythmen zu tun. Wie die Zeiger auf der Uhr im Kreis laufen, so verläuft auch die Zeit in Zyklen. Denn was gewesen ist, kommt wieder, und was kommt, war schon einmal: Tag, Nacht, Jahreszeiten, Sähen und Ernten – diese Dinge beschreibt ein Kreis sehr viel besser als eine Gerade. Zeit ist in dieser Vorstellung der

*Zusammenhang von Erfahrungen*, Zeit ist etwas, was erlebt und subjektiv empfunden wird. Kinder haben eine solche Zeitauffassung und stehen der Hetze der Erwachsenen daher verständnislos gegenüber. Kinder im Grundschulalter weigern sich oft noch, die Uhr zu lernen, weil sie ahnen, dass sie damit integriert werden in die verplante, abgezirkelte, unfreie Erwachsenenwelt.

Die Auseinandersetzung mit den verschiedenen Zeitauffassungen geht weit über das hinaus, was in diesem Buch darstellbar ist, aber festzuhalten ist doch: Wir müssen uns damit abfinden, dass die Planbarkeit der Zeit begrenzt ist, dass auch wir als Teil der Natur Rhythmen unterliegen und dass es Dinge gibt, die sich nicht (oder nur sehr wenig) beschleunigen lassen. Dazu gehören Wachstums- und Entwicklungsprozesse, und dazu gehört auch das Lernen. Niemand würde auf die Idee kommen, Freundschaften beschleunigen zu wollen, denn jede Beziehung muss wachsen. Wenn wir uns in ein neues Fachgebiet einarbeiten, stellen wir aber ebenso eine Beziehung her. Und diese muss ebenso wachsen, um fruchtbar sein zu können. Fördern können wir diese Entwicklung genau wie eine Freundschaft in erster Linie durch Aufgeschlossenheit und Geduld. Das verträgt sich nicht mit Eile. So gut ein Stoff auch didaktisch aufbereitet sein mag, das Verstehen selbst kann einem doch niemand abnehmen.

Eine Doktorarbeit ist ein Ding mit einer so genannten *Eigenzeit*, der spezifischen Zeit, die etwas braucht, um zu gedeihen. Wer seine Dissertation nicht nur als etwas sieht, das Prestige spenden soll, sondern auch nach zwanzig Jahren noch gewiss sein will, mit einer Sache einmal so richtig auf Tuchfühlung gegangen zu sein, der sieht in seiner Arbeit eben auch dieses Werden; die Dinge einmal von dieser Warte aus zu sehen, kann sehr beruhigen gerade in Phasen, wo es nicht so richtig weiter zu gehen scheint. Wachstum und Entwicklung verlaufen nicht stetig, sondern sprunghaft und allzu oft unberechenbar. Nicht umsonst spricht man von dem Groschen, der gefallen ist, wenn man etwas (scheinbar) plötzlich begriffen hat. Ähnliches gilt für wichtige

Entscheidungen, gleich in welchem Lebensbereich. Sie brauchen Zeit und müssen reifen, und „plötzlich" scheint alles klar.

Ziel eines Zeitmanagements rund um die Promotion kann also nicht sein, die Prozesse zu beschleunigen, die zur wissenschaftlichen Erkenntnis führen, sondern das ganze Drumherum so zu organisieren, dass genügend Muße bleibt, sich vertieft seinem Forschungsthema zu widmen.

## 6.2 Sich Ziele setzen

*Ans Ziel kommt nur, wer eines hat.*

*Martin Luther*

*Wenn eine private Hoffnung sich endlich erfüllt hat: wie lange finden Sie in der Regel, es sei eine richtige Hoffnung gewesen, d.h. dass deren Erfüllung so viel bedeutete, wie Sie jahrzehntelang gemeint haben?*

*Max Frisch („Fragebogen")*

Grundsätzlich kann man unterscheiden zwischen *Was*-Zielen, *Warum*-Zielen und *Wie*-Zielen. Wenn Sie zum Zielpublikum dieses Buches gehören, haben Sie das Was-Ziel „Promotion". Das Warum-Ziel dahinter ist grundsätzlicher. Sie möchten vielleicht mehr Geld verdienen, um Ihrer Familie etwas bieten zu können, Sie sehen in der Forschung Ihren Lebenstraum oder Sie möchten in die Vorstandsetage Ihrer Firma aufsteigen (warum?). Das Wie-Ziel sagt etwas darüber aus, wie Sie sich zu Ihrem Forschungsthema verhalten. Interessiert Sie die Sache inhaltlich sehr oder täte es zur Not auch ein gekaufter Doktortitel? Möchten Sie schnell fertig werden und verzichten dafür ein paar Jahre auf

Geld, oder lassen Sie sich Zeit und erledigen die Promotion neben Ihrer regulären Arbeit?

> Was – wie – warum? Notieren Sie, was Sie erreichen wollen, und machen Sie dies an fünf Punkten fest. Dazu können Sie den Arbeitsbogen 5 „Lebenswunschbild" nutzen.

Formulieren Sie Ihre Ziele möglichst konkret. Nehmen wir an, Sie wollen beruflich erfolgreich sein. Was heißt das? Jahresgehalt über achtzigtausend Euro, Führungsverantwortung oder eigene Firma? Mit welchem Alter hätten Sie das gerne erreicht? Lassen Sie Ihrer Phantasie und Ihren Gefühlen freien Lauf und malen Sie sich aus, was für Sie zu diesem Ziel gehört. Viele Menschen haben die vage Empfindung, dass Ihr Leben anders ist, als sie es sich vorgestellt haben, wissen aber auch nicht, wie es denn aussehen soll. Und zuviel auf einmal zu wollen ist unrealistisch.

*Denn wie unser physischer Weg auf der Erde immer eine Linie ist und keine Fläche, so müssen wir im Leben, wenn wir Eines ergreifen und besitzen wollen, unzähliges anderes rechts und links liegen lassen, ihm entsagen. Können wir uns dazu nicht entschließen, sondern greifen, wie Kinder auf dem Jahrmarkt, nach Allem, was uns im Vorübergehen reizt, dann ist dies das verkehrte Bestreben, die Linie unseres Weges in eine Fläche zu verwandeln; wir laufen dann im Zickzack, irrlichtern hin und her, und gelangen zu Nichts. Wer alles seyn will, kann nichts seyn.*

*Arthur Schopenhauer*

Wenn Sie aufhören wollen zu rauchen, dann ist das Ihre persönliche Entscheidung, die auch nur Sie selbst beeinflussen können. Anders ist es bei Entschlüssen wie „Ich will innerhalb des nächsten halben Jahres einen besser bezahlten Job finden." Auf die Lage am Arbeitsmarkt haben Sie aber wenig Einfluss. Dennoch sind Sie nicht der Spielball des Schicksals.

> *Gewiß gibt es ein „Schicksal". Es ist aber nicht eine blinde Macht von außen, deren Spielball wir sind, sondern es ist die Summe der Gaben, Schwächen und anderen Erbschaften, die ein Mensch mitgebracht hat. Ziel eines sinnvollen Lebens ist, den Ruf dieser innern Stimme zu hören und ihm möglichst zu folgen. In der Jugend ist das vielleicht schwerer, weil die Persönlichkeit noch nicht fertig ist, und die Wünsche hin und her schwanken und sich auch auf Ziele richten können, die dem Wesen des Wünschenden ganz fremd sind.*
>
> *Der Weg wäre also: sich selbst erkennen, aber nicht über sich richten und sich ändern wollen, sondern sein Leben möglichst der Gestalt aznzunähern, die als Ahnung in uns vorgezeichnet ist. So haben es alle großen Dichter gemeint, namentlich Novalis, wenn er sagte „Schicksal und Gemüt sind Namen eines Begriffs".*
>
> *Hermann Hesse (1931)*

Ziele zu haben, bedeutet, seine Kräfte vorausschauend auf das zu konzentrieren, was man erreichen will. Es wird kaum gelingen, etwas zu erreichen, was, wie Hesse sagt, dem „Wesen des Wünschenden fremd" ist. Aber ohne ein Ziel vor Augen ist es nicht möglich, ein einzelnes Arbeitsergebnis zu bewerten, denn es fehlt das Kriterium das uns sagt, *wozu* die Arbeit nützlich war.

Darum muss ein Ziel nicht nur *konkret,* sondern auch in irgendeiner Form *messbar* sein. Je klarer es formuliert ist, desto einfacher ist es, sich darauf zuzubewegen. Wie wollen Sie sich einem Ziel nähern, das da heißt „berühmt werden"? Die Formulierung eines Ziels setzt voraus, dass wir gründlich darüber nachdenken, um was es uns wirklich geht. Warum wollen Sie berühmt werden – und vor allem: Als was? Als Erfinderin oder als Malerin?

Ein typisches unkonkretes und nicht messbares Ziel ist:

> „Ich werde disziplinierter leben."

Sie können sich jeden Tag selber aussuchen, was das heißt und vermutlich wird sich nichts an Ihren Lebensgewohnheiten ändern.

Viel besser ist etwa:

> „Ich werde jeden Tag eine Stunde an meinem Promotionsthema arbeiten."

> „Ich werde zweimal die Woche 20 Minuten Waldlauf machen."

Dann können Sie überprüfen, ob Sie es wirklich schaffen, sich die eine Stunde für die Forschung freizuhalten. Und wenn es mit dem Joggen nicht klappt, ist entweder das Ziel unrealistisch (Joggen ist vielleicht nicht der richtige Sport für Sie), es ist Ihnen doch nicht so wichtig (Sie spielen lieber mit Ihrer kleinen Tochter) oder Sie haben nicht genügend darauf hingearbeitet (es war immer schon dunkel, wenn Sie nach Hause kamen).

Ein Ziel kann auch falsch gewählt sein: Womöglich stecken Sie in einem aufwändigen Projekt und haben eine despotische Chefin, die Ihnen Zeit und Nerven raubt und an Forschungsarbeit nicht einmal denken lässt. Dann nützen die schönsten Vorsätze nichts. Sie müssen dann den Hebel woanders ansetzen.

Formulieren Sie auf dem Arbeitsbogen 6 je drei Ziele für den morgigen Tag, drei für den aktuellen oder kommenden Monat und drei für das Jahr. Achten Sie darauf, dass die Beschreibung konkret, realistisch und messbar ist!

Ziele sollen uns herausfordern, ohne unrealistisch zu sein. Die Promotion ist ein typisches „Elefantenziel": Es ist groß und bedrohlich und man hält sich besser fern. Sollten wir einen ganzen Elefanten essen, fänden wir das unmöglich, aber – aufgeteilt in kleinen Portionen – haben wir wahrscheinlich längst viel mehr gegessen – nur eben nicht auf einmal, sondern Stück für Stück.

Ziele wie die Promotion müssen wir ebenso in Teilziele untergliedern. Teilziele können, wie oben beschrieben, eine Veröffentlichung, ein Vortrag oder eine inhaltliche Abstimmung mit der Betreuerin sein. Das Ziel „Promovieren" allein ist zu vage und zu weit entfernt, um im täglichen Leben eine „Gummibandfunktion" zu haben, die uns in Spannung hält.

Das Setzen von Zielen ist ein dauernder Prozess, der nie aufhört, denn Ziele, die äußeren Bedingungen und auch Ihre Einstellungen können sich verändern. Dennoch ist das „Denken in Zielen" sehr hilfreich, weil es Anlaufpunkte und Erfolgserlebnisse schafft. Und es hält Sie zu einem zügigen Vorgehen an, ähnlich wie ein Kind, dem beim Spaziergang im Wald ein Eis versprochen wird, dann schneller laufen wird.

## 6.3
## ... oder basteln Sie lieber?

Vielen Menschen behagt es nicht, ihre Ziele so konkret festzustecken und ihnen gefällt es auch nicht, im Bewerbungsgespräch gefragt zu werden, wo sie sich in fünf Jahren sehen. Es gibt zu viele Dinge, die wir nicht beeinflussen können oder bei denen wir noch Veränderungen erwarten, die wir nicht absehen können, auch, was unsere eigene Entwicklung angeht. Tatsächlich lässt sich kein Leben linear planen, und sich allzu sehr auf ein Traumziel festzulegen, kann sehr frustrierend sein. Von Levi-Strauss stammt die Metapher des Bastlers, der in seinem Hobbykeller Material und Werkzeug hat und sich überlegt, was er damit anfangen kann. Fängt er an zu basteln, fällt ihm vielleicht etwas Neues ein, dann schaut er, wie er das mit seinen beschränkten Möglichkeiten bewerkstelligen kann. Er macht Versuche und Umwege.

Sie können Ihre Planung auch als eine Art Bastelbogen verstehen: Überlegen Sie, welche Möglichkeiten Sie haben, welches „Material", und was Sie sich vorstellen könnten, was daraus werden könnte. Und wichtig ist auch, sich darüber klar zu werden, was man absolut *nicht* will.

> Ihr persönlicher Bastelbogen mit Traumschloss: Dazu können Sie den Arbeitsbogen 7 im Anhang nutzen.

## 6.4 Situationsanalyse

Wenn Sie wissen, wohin Sie wollen, überlegen Sie, wo Sie sich heute befinden und was Sie an Potenzial besitzen, um an Ihr Ziel zu kommen. Überlegen Sie: Was waren bisher Ihre größten Erfolge und was Ihre Misserfolge? Berufliche Erfolge sind bestandene Prüfungen, akquirierte Projekte, durchgeführte Seminare oder akzeptierte Papiere auf Konferenzen. Private Erfolge können sportlicher Natur sein, mit Ihrem Hobby zusammenhängen, Ihre Hochzeit oder eine neue Freundschaft sein.

> Tragen Sie Ihre Erfolge und Misserfolge im Arbeitsbogen 8 ein.

Sie können sich auch eine Liste machen, in der Sie beständig Ihre Erfolge eintragen. Das motiviert Sie gerade in Phasen, in denen Sie das Gefühl haben, nicht vorwärts zu kommen (vgl. auch Kapitel 7) Was Sie als Ihre ureigenen Erfolge ansehen, ist bereits Teil Ihres Persönlichkeitsprofils.

Dazu gehört auch, was man als „persönliche Stärken" und „Schwächen" bezeichnet – auch ein beliebtes Thema bei Bewerbungen. Stärken sind oft auch Schwächen – und umgekehrt, je nach Situation. Beispielsweise gibt es Personen, die in kurzer Zeit zwischen den verschiedensten Aufgaben hin- und herspringen, ohne den Faden zu verlieren, sie verfügen also über eine hohe Flexibilität. Auf der anderen Seite fällt es solchen Personen oft schwer, an einer Sache länger dran zu bleiben und bis ins Detail auszuarbeiten, das heißt, ihr Durchhaltevermögen ist eher gering. Vielleicht sollte man eher neutral von „charakteristischen Eigenschaften" sprechen. Das ist der Gedanke beim Schlagwort „Diversity": In einem Team sind Unterschiede gerade das Produktive, denn nur unterschiedliche Menschen können einander ergänzen.

> Notieren Sie Ihre Stärken und Schwächen auf dem Arbeitsbogen 9. Stellen Sie sich dabei vor, Sie wären Personalchef und sollten sich selbst einstellen. Was können Sie gut, was weniger? Hilfreich kann es auch sein, Kollegen, Freunde und Partner zu fragen. Manchmal haben diese ein ganz anderes Bild von Ihnen.

Es ist wichtig, dass Ihre Ziele mit Ihrem Persönlichkeitsprofil übereinstimmen. Wenn Sie so musikalisch wie ein Stock sind und keine einzige Note lesen können, werden Sie in Ihrem Leben kein Klaviervirtuose mehr. Vielleicht können Sie dafür hinreißend reden, haben eine glänzende Allgemeinbildung und wollen sofort nach Abschluss Ihrer Promotion in die Politik gehen. Es ist manchmal nicht ganz einfach, eigene Neigungen von dem zu trennen, was andere einem nahe legen wollen. Erfolg beruht aber in erster Linie darauf, das Beste aus den eigenen Talenten herauszuholen und nicht etwas zu befolgen, was andere für richtig halten. Fragen Sie sich also vor allem: Was fällt mir leicht? Bei welcher Tätigkeit bin ich glücklich? Worum beneiden mich andere?

## 6.5 Meilensteine definieren

Im nächsten Schritt können Sie versuchen, Zwischenziele zu beschreiben. Eines Ihrer größeren Ziele ist die Promotion. Dann können Sie zum Beispiel folgende Meilensteine setzen:

- Literatur zu interessanten Themen sichten
- Das Buch xy lesen
- ein Seminar zu einem für Sie interessanten Thema veranstalten
- eine Arbeitsgruppe ins Leben rufen
- eine Gliederung erstellen und damit das Thema fixieren
- der Professorin ein „Abstract" (Zusammenfassung) der Arbeit geben
- einen Beitrag zu einer Konferenz schicken
- eine Konferenz besuchen, die zum Thema passt
- einen Vortrag im Kolloquium halten
- einzelne Kapitel schreiben bzw. überarbeiten
- Formalia abklären (Promotionsordnung besorgen etc.)
- ...

Gerade die Ziele, die Ihnen noch schwer greifbar vorkommen (was um Himmels Willen soll ich denn im Kolloquium erzählen?), sollten rechtzeitig auf Ihrer Liste erscheinen. Wenn Sie nach einer Weile noch einmal draufschauen, werden Sie sehen, dass Sie Fortschritte gemacht haben.

## 6.6 Prioritäten setzen

*Prioritäten setzen heißt auswählen, was liegenbleiben soll.*

*Georg Christoph Lichtenberg*

Prioritäten muss man setzen, weil man nie alles schafft, was man schaffen möchte. Ihre „To-do“-Liste wird niemals leer sein. Sich das klarzumachen, mag auf den ersten Blick trostlos klingen, aber es kann auch beruhigen. Nehmen Sie einen Familienhaushalt: Der ist niemals „fertig“: Niemals ist die Wäsche gewaschen, gebügelt und wegsortiert *und* die Küche ist aufgeräumt *und* die Fenster sind geputzt *und* der Kühlschrank ist gefüllt. Im Berufsleben ist es ebenso. Wenn Sie mit Ihren Forschungen erst dann beginnen, wenn Sie mit allem anderen „fertig“ sind, werden Sie nicht voran kommen.

Prioritäten bemessen sich danach, wie viel eine Sache dazu beiträgt, ein gesetztes Ziel zu erreichen. Prioritäten sind immer relativ. Sätze wie „Meine Familie ist mir wichtig“ oder „Ich will unbedingt Karriere machen“ sagen allein nichts aus. Was Ihnen wirklich wichtig ist, bemisst sich nur an konkreten Situationen. Was muss passieren, damit Sie ein wichtiges Projekttreffen absagen? Eine Blinddarmentzündung Ihres Sohnes? Der Tod Ihres Vaters? Eine Kolik Ihres geliebten Pferdes? Würden Sie ein traumhaftes Jobangebot ablehnen, wenn Sie sich dafür von Ihrer Freundin oder Ihrem Freund trennen mussten? Würden Sie Ihre Promotion aufgeben, wenn Sie befürchten würden, Ihre Forschungsergebnisse könnten zu Zwecken missbraucht werden, die Sie mit Ihrem Gewissen nicht vereinbaren können?

Im Alltag haben viele Aufgaben mit Ihrem Ziel „Promotion“ nichts zu tun, müssen aber dennoch erledigt werden und sind noch nicht einmal unwesentlich. Wenn Sie Ihren Lehrverpflichtungen nicht nachkommen, verlieren Sie vielleicht Ihren Job, und dann wird das mit der Promotion auch nichts.

Wenn man Prioritäten setzt, sollte man sich von Fragen leiten lassen wie:

- Was geschieht, wenn ich das *nicht* erledige?
- Wenn ich heute nur eine Sache erledigen könnte, welche wäre das dann?
- Wenn ich in zwei Stunden für drei Wochen in Urlaub gehen würde – was würde ich dann jetzt tun?
- Wenn ich heute Abend nach Hause gehe – was möchte ich dann erledigt haben, um ein ruhiges Gewissen zu haben?

Aus der Volkswirtschaft kennt man das „Pareto-Prinzip“: „Beim Inhalt einer Gruppe oder Menge haben wenige Teile einen größeren Wert als der größere restliche Teil.“ Also: 20% Kunden bringen 80% Umsatz, 20% Fehler erzeugen 80% Ausschuß, 30% Teile erzeugen 70% Kosten.

Das bedeutet, dass es immer einen gewissen Anteil an Aufgaben gibt, die den wesentlichen Anteil an der Zielerreichung haben und andere, die nur relativ wenig dazu beitragen. Diese Aussage gilt für praktisch alle Lebensbereiche, und drastisch formuliert bedeutet es: Ungefähr Dreiviertel von dem, was wir tun, ist für die Katz (wenn wir nur vorher wüssten, *was* wir uns schenken können!).

Nehmen wir zum Beispiel die Fachliteratur Ihres Themenbereiches. Mit großer Wahrscheinlichkeit gibt es etwa zehn Papiere (30% ), die fast den ganzen „State of the Art“ (70%) wiedergeben. Nur: Es ist vorher nicht bekannt, welche 30% gerade die sind, die Ihnen den entscheidenden Kick für Ihr Promotionsvorhaben geben.

Zweckmäßig ist es auch, *Wichtiges* von *Dringendem* zu unterscheiden. Bekannt ist das „ABC-Schema", das schon Eisenhower benutzt haben soll (siehe [Seiwert 01]):

| | Dringend | Weniger dringend |
|---|---|---|
| Wichtig | Sofort erledigen (A) | Termin setzen (B) |
| Weniger wichtige | Delegieren, abarbeiten (C) | Papierkorb |

Die Priorität A ist am höchsten und gilt für die im betreffenden Zeitabschnitt (Tag oder Woche) zentralen Aufgaben. Die B-Priorität bekommen Aufgaben, die nicht ganz so wichtig sind, während C die übrigen Aufgaben bezeichnet.

Im Umgang mit den A- B- und C-Aufgaben gelten folgende Regeln:

- Sind Aufgaben sowohl wichtig als auch dringend, müssen sie sofort erledigt werden, da nutzt kein noch so gutes Zeitmanagement. Wenn Sie den Projektbericht bis kurz vor dem Abgabetermin vor sich hergeschoben haben, werden Sie kaum drumherum kommen, Überstunden zu schieben. Aber auch eine Krankheit kann eine solche Krise verursachen; Krankheiten kommen ja immer ungelegen.
- Man kann den Anteil der A-Aufgaben reduzieren, indem man die wichtigen, nicht so dringenden Aufgaben *rechtzeitig* angeht. Klassische Beispiele sind Weiterbildung, Kontaktpflege, Pausen oder sportliches Training – Dinge, die selten dringend sind, aber eben zu Engpässen führen, wenn sie nicht erledigt werden (die Englisch-Kenntnisse reichen nicht für den Vortrag auf der Konferenz; der Rücken schmerzt, weil man ihn jahrelang falsch belastet hat). Auch Aufgaben im Zusammenhang mit Ihrer Promotion sind, zumindest am Anfang, meist nicht zeitkritisch und werden daher gern

verschoben. Diese wichtigen Aufgaben sollte man daher terminieren, das heißt, sich selbst einen Termin einplanen und dann auch wahrnehmen. Vielleicht wissen Sie gerade nicht recht, wie es mit Ihrer Dissertation weiter gehen soll. Gerade dann ist es wichtig, sich Zeit einzuplanen, um darüber nachzudenken, statt sich mit anderen Dingen aufzuhalten, die vielleicht auch warten können.

- Viele andere Aufgaben müssen Sie zwar angehen, aber die müssen Sie ja nicht gerade in Ihren kreativen Zeiten oder gleich morgens erledigen, oder? Manche dieser C-Aufgaben liegen auch monatelang auf irgendwelchen Schreibtischen herum, weil man ja irgendwann einmal... und dann landen sie doch im Papierkorb. Ein wenig mehr Entschlusskraft spart viel Zeit und Ärger.

Das ABC–Schema ist so beliebt, dass es beispielsweise im Marketing den Begriff der A-, B- und C-Kunden gibt, die dann entsprechend behandelt werden. Gerade hier ist es offensichtlich, dass der Gewinn eines Großkunden weit mehr bringt als viele Kleinkunden. Andererseits darf man die Kleinkunden auch nicht vergessen, sie gehören genauso dazu und müssen betreut werden. Analog ist es bei der Aufgabenplanung. Ihre „Kleinkunden“ sind vielleicht Studierende, die auf ein neues Übungsblatt warten. Sie tragen nicht unmittelbar zu Ihrer Promotion bei – aber die Lehrverpflichtungen gehören zu Ihrem Job. Lassen Sie Ihre „Kleinkunden“ jedoch nicht spüren, welchen Platz sie auf Ihrer Prioritätenliste haben. Dadurch machen Sie sich rasch unbeliebt.

Noch ein Tipp: Gehen Sie die wichtigen Aufgaben am besten morgens und am Anfang der Woche an. Gerade in der Anfangszeit der Promotion, wenn man mit Projekten und Lehraufgaben beschäftigt ist, sollte man sich feste Zeiten – etwa den Montag und Dienstag – regelmäßig freihalten, und sich mit dem eigenen Thema beschäftigen. Planen Sie die anderen Aufgaben so, als ob Sie an diesen beiden Tagen Urlaub hätten und absolut nichts tun könnten. Oder planen Sie immer die erste Woche im Monat so ein.

## 6.7 Planen

Planen heißt, Aufgaben auf eine Zeitspanne zu verteilen; das kann ein Jahr sein, ein Monat oder auch ein Tag. Schon ein Tag ist oft unwägbar. Achten Sie einmal darauf, was abends aus Ihren Vorhaben geworden ist.

Planen heißt, das große Projekt Promotion in kleine Stücke zu zerlegen. Zergliedern Sie Ihre Arbeit bewusst in kleine Teile. Zum Beispiel: Nächste Woche will ich Literatur zum Begriff XY sichten. Oder: In den nächsten drei Wochen arbeite ich am Kapitel 4. Diese kleineren Ziele helfen, die Motivation aufrechtzuerhalten, und sie geben das Gefühl, voranzukommen.

Folgende Tipps können beim Planen helfen:

- Entscheidend ist das Prinzip der *Schriftlichkeit.* Sie glauben gar nicht, wie schnell sich in Ihrem Kopf die Einstellung ändern kann, welche Aufgaben gerade wichtig sind. Das Papier ist da viel konsequenter.
- Führen Sie *eine einzige Liste*, in die Sie alle Aufgaben und Aktivitäten eintragen. Bei der Planung können Sie sofort sehen, was ansteht, was termingebunden ist, und was sonst noch wichtig ist. Und Sie können jede erledigte Aufgabe zufrieden streichen.
- Machen Sie *Zeitvorgaben*: Schätzen Sie die Zeit ab, die Sie benötigen bzw. einsetzen wollen und halten Sie sich daran. Die Erfahrung zeigt, dass Aufgaben oft gerade so lange dau-

ern, wie man Zeit für sie hat. Bei Forschungsarbeiten fällt es schwer, Zeitlimits zu setzen – dafür brauchen Sie Freiräume, das heißt, Zeiten, in denen sonst nichts ansteht und Sie sich ungestört konzentrieren können. Solche Freiräume schaffen Sie sich, indem Sie Ihre übrigen Aufgaben so effizient wie möglich erledigen.

- Die 60:40-Regel: Verplanen Sie nie mehr als 60% Ihrer Arbeitszeit, und halten Sie die restlichen 40 % für unerwartete und spontane Dinge frei. Bei einem 8-Stunden Tag bedeutet das, maximal 5 Stunden zu verplanen. Ein unerwarteter Besucher, der fehlende Toner im Drucker, Zwischenfälle aller Art – das lässt sich nicht abstellen, also muss man dafür Puffer einplanen. Ein allzu dichter Zeitplan, der sich dann doch nicht einhalten lässt, führt zu dem Gefühl, versagt zu haben.
- Geplante Aufgaben sind Termine mit sich selbst! Setzen Sie für Ihre Aufgaben Uhrzeiten fest und seien Sie pünktlich. Reicht Ihnen die Zeit nicht, nutzen Sie den Puffer oder teilen Sie die Aufgabe auf.
- Reservieren Sie sich größere Zeitblöcke für kreative Aufgaben und „blocken" Sie auch Zeit für Routinetätigkeiten wie Anrufe oder Sortierarbeiten. Das ist günstiger, als sich immer wieder zu unterbrechen, um beispielsweise einen neuen Versuch zu machen, jemand zu erreichen oder die Rundläufe zu sichten. Was passiert, wenn Sie das Telefon einmal nicht abnehmen, weil Sie gerade an einer zündenden Idee sitzen? Nichts. Ihr Gesprächspartner wird es später noch einmal versuchen.
- Beachten Sie bei der Planung generell Ihren biologischen Rhythmus. Für die meisten Menschen heißt das: die schwierigen Sachen am Morgen. Achten Sie einmal darauf, wieviel Zeit Sie brauchen, um zwei E-Mails zu beantworten und ein paar Kopien zu machen. Versuchen Sie, solche Tätigkeiten in weniger kreative Phasen (z.B. nach dem Mittagessen) zu legen.

Arbeitsbogen 10 ist ein Formular für eine Aufgabenliste; darin finden Sie auch eine Spalte für die geschätzte Zeit. Kramen Sie Ihre Notizzettel zusammen und verschaffen Sie sich einen Überblick, indem Sie die Aufgaben in einer zusammenhängenden Liste verwalten. Und dann setzen Sie Prioritäten, indem Sie überlegen, was Sie wirklich tun müssen.

Wichtig ist, dass Sie den Aufgaben einen Termin und eine Dauer geben und sich dann daran halten. Seiwert [Seiwert 01] bringt es auf eine Formel, die sogenannte ALPEN-Methode: Aufgaben aufschreiben, Länge schätzen, Puffer einplanen, Entscheiden, Nachkontrolle.

Der Tagesplan stellt die wichtigste und konkrete Umsetzung der Ziele dar und sollte möglichst am Abend vorher gemacht werden. Denn dann schätzen Sie noch gut ein, was wann zu machen ist und planen auch das Unangenehme ein. Morgens lässt man sich zu schnell von Dringendem ablenken und lässt das Wichtige, das Beschwerliche, das „Elefantenstückchen“ dann liegen.

## 6.8 Zeitfresser überführen

Die meisten Zeitfresser vermuten wir außerhalb unseres eigenen Machtbereichs. Der plötzliche Anruf, die Arbeit, die der Chef uns aufträgt, die lästigen Jobs, die zwischendurch mal schnell erledigt werden sollen, die störenden Besucher. Bei näherem Hinsehen stellt sich jedoch oft heraus, dass man selbst sein größter Zeitfresser ist: Unentschlossenheit, Unordnung, ständiges Aufschieben – all das kostet enorm viel Zeit.

Um sich wirklich darüber klar zu werden, wo Ihre Zeit eigentlich bleibt, sollten Sie einige Wochen lang ein Zeittagebuch führen. Halten Sie fest, wie viel Zeit jede Tätigkeit kostet. Wissen Sie, wie viel Zeit Sie für die Betreuung einer Studienarbeit oder für das Protokoll einer Projektbesprechung benötigen?

> Arbeitsbogen 11 soll Sie dazu anregen, die Verwendung Ihrer Zeit zu protokollieren.

Sie werden wahrscheinlich feststellen, dass das Ergebnis Ihres Protokolls von der subjektiven Empfindung stark abweicht. Diese Analyse hilft zu erkennen, wobei man unnötig viel Zeit verbringt und dient als Ausgangspunkt für die zukünftige Planung. Wenn Ihre Projektarbeit 70% und die Lehre 20% Ihrer Zeit ausmachen, bleibt nicht genügend Zeit für die Promotion. Sprechen Sie mit Ihrer Betreuerin und suchen Sie gemeinsam nach Lösungen!

*Müde sind wir nicht von den Dingen, die wir erledigt haben, sondern von denen, die wir nicht erledigt haben.*

Warum kommen Sie mit Ihrer Zeit nicht zurecht? Warum sind Sie nicht zufrieden mit Ihrem Fortschritt? Was sind Ihre persönlichen Zeitfresser?

> Versuchen Sie, die Ursachen zu konkretisieren – Arbeitsbogen 12 hilft dabei. Wählen Sie drei (nur drei!) Ihrer wichtigsten *Zeitfresser* aus, die Sie beseitigen oder zumindest abschwächen wollen. Das ist Ihr Ausgangspunkt.

Auch soziale Kontakte brauchen Zeit, klar. Gemeinsames Essengehen oder der Plausch auf dem Flur fördern das Miteinander.

Aber man muss diese Kontaktpflege nicht endlos ausdehnen, nur weil man nicht unhöflich sein will. Denken Sie daran, dass die anderen auch zum Arbeiten gekommen sind und unter Zeitdruck stehen.

Zu den schlimmsten Zeitfressern gehören ineffektive Besprechungen. Deshalb werden in manchen Firmen für kurze Zusammenkünfte die Stühle aus dem Raum entfernt. Wenn man sich nicht gemütlich auf einem Sessel räkeln darf, kommt man schneller auf den Punkt. Zu Besprechungen sollte nur kommen, wer unbedingt dabei sein muss. Es sollte immer klar sein, was bei der Sache herauskommen soll, in den blauen Dunst phantasieren kann man abends in der Kneipe. Achten Sie die Zeit anderer ebenso wie Ihre eigene: Sagen Sie direkt, was Sie wollen, verwenden Sie keine umständlichen Floskeln, fassen Sie sich kurz. Noch besser: Reichen Sie noch vor der Besprechung ein Arbeitspapier mit Ihren Vorschlägen ein, damit Sie nicht alles stundenlang erklären müssen.

Auch beim E-Mail-Schreiben kann man das eigene und das Zeitbudget des Adressaten schonen, indem man sich kurz und deutlich ausdrückt und ein Maximum an Information schon in der Betreffzeile unterbringt. Piepst Ihr Rechner jedes Mal, wenn Sie eine E-Mail bekommen haben? Dann deaktivieren Sie diese Funktion, denn sie torpediert den großen Vorteil der elektronischen Nachrichtenvermittlung, nicht in laufende Abläufe hineinzuplatzen wie das Telefon oder Besuch. Es reicht, wenn Sie alle paar Stunden nach der E-Mail schauen. Sollte das Gebäude brennen, wird man Ihnen das bestimmt nicht elektronisch mitteilen.

## 6.9 Platz schaffen

Organisieren Sie Ihren Arbeitsplatz. Sorgen Sie dafür, dass Sie Ihre Sachen wiederfinden und dass Sie an Ihrem Arbeitsplatz auch wirklich Platz zum Arbeiten haben.

- Entwickeln Sie ein Ordnungssystem. Dazu gehören: Aktenordner, Locher, Hängeregister, eine vernünftige Katalogisierung der Literatur, Ablagefächer, Checklisten, Terminplaner. Das macht jeder anders, aber man sollte ein System haben und sich daran halten. Auch wenn es bürokratisch erscheint, es hilft, unnötige Papierschieberei zu vermeiden. Wenn Sie etwas ablegen, denken Sie vorher kurz darüber nach, wo Sie es vermutlich suchen würden.
- Arbeitsmittel zusammenhalten: Schreiben Sie den neuen Bleistift rechtzeitig auf die Einkaufsliste, binden Sie die Schere notfalls fest, definieren Sie „heilige Stätten", an denen sich die wichtigen Papiere aufhalten dürfen und sonst nichts.
- Generell ist es praktischer, lose Blätter zu verwalten als das bürokratische Knicken – Lochen – Abheften zu praktizieren. Es geht einfach schneller. Deshalb sind Hängeregister Aktenordnern oft vorzuziehen, vor allem dann, wenn es auf die Reihenfolge der Blätter nicht ankommt. Alles was zum Thema „Steuern" gehört, kann man zum Beispiel im Laufe des Jahres in einer Hängemappe sammeln und am Ende sortieren. Lochen und Abheften kann man immer noch. Auch sehr schön: Gummizug – Ordner, in denen man lose Blätter so aufbewahren kann, dass nichts herausfällt. Sehr geeignet zum Beispiel, wenn man ein einzelnes Kapitel ausgedruckt hat und zum Korrekturlesen mitnehmen will.
- Kurze Dokumente kann man einscannen und elektronisch verwalten. Der Computer erledigt im Fall des Falles auch die Sucharbeit, und da Speicherplatz (jedenfalls an einem persönlichen Arbeitsplatz) kein bestimmender Kostenfaktor mehr ist, müssen Sie auch nicht dauernd ausmisten. Denken Sie an sprechende Bezeichnungen für Ihre Dateien.
- Nutzen Sie die Signalkraft von Farben, indem Sie verschiedenfarbige Ordner benutzen oder verschiedenfarbige Etiketten. Das macht auch mehr Spaß als die grauen Aktendeckel. Auch gut: Verschiedenfarbige Holzkisten für Ihre verschiede-

nen Projekte (oder Kapitel). So können Sie einzelne Bücher, Papiere etc. schnell verstauen und leicht wiederfinden.

- Auf den Schreibtisch gehört nur das, womit man sich gerade beschäftigt. Alles andere sollte möglichst unsichtbar sein – es lenkt ab. Entweder ich arbeite an meinem Projekt oder am nächsten Übungsblatt. An beidem gleichzeitig herumzuwurschteln bringt nichts. Nach einigen Stunden angestrengter Forschung ist die Schreibtischplatte ohnehin meist wieder voll. Viele Menschen haben die Angewohnheit, noch abends alles aufzuräumen, weil ein ordentliches Büro am nächsten Morgen den Einstieg erleichtert. Machen Sie auch regen Gebrauch vom *Rundordner* – dem Papierkorb. Vielen Leuten fällt es schwer, sich von überflüssigen Dingen zu trennen. Oft lohnt sich der Aufwand des Bewahrens jedoch nicht, verglichen mit dem Aufwand einer eventuell notwendigen Wiederbeschaffung (etwa eines weniger wichtigen Aufsatzes, den man sich bei Bedarf wieder in der Bibliothek besorgen kann).

Vielleicht denken Sie, dass Sie Ihr Chaos immer noch irgendwie im Griff haben, und es gibt ja wirklich Leute, die mit großer Treffsicherheit ihr Abiturzeugnis unter einem Berg von Altpapier hervorziehen. Eindeutiger Vorteil der klassischen Ordnung ist allerdings, dass auch ein Kollege die Chance hat, eine wichtige Projektinformation zu finden, obwohl Sie nicht da sind, dass sich bei Ihnen nicht die Mahnungen der Bibliothek stapeln – und dass ein aufgeräumtes Büro vertrauenswürdiger wirkt. Wenn auch die wahren Genies und die renommierten Experten oft in wüster Unordnung hausen – der Umkehrschluss „Chaos macht schlau“ gilt nicht.

## 6.10 Was kann schnell gehen?

Anfangs war von Prozessen die Rede, die sich kaum beschleunigen lassen. Es gibt aber auch Dinge, auf die wir nicht allzu viel Zeit verwenden müssen. Das sind die Sachen, die man routiniert, schnell oder nebenbei erledigt. Zum Beispiel:

- Verwaltungstätigkeiten: Entwerfen Sie Routinen, die Zeit sparen. Unwichtige Post nur mit spitzen Fingern anfassen und möglichst schnell erledigen oder entsorgen.
- Wege: Versuchen Sie, mehrere Dinge auf einem Weg zu erledigen. Das wird schon dadurch einfacher, dass Sie eine übersichtliche Liste der anstehenden Aufgaben führen. Dinge, die fortgebracht werden müssen, können Sie schon frühzeitig im Auto deponieren.
- Haushalt: Versuchen Sie, zu rationalisieren, vor allem bei den immer wieder kehrenden Arbeiten. Unterwäsche bügeln und täglich einkaufen muss nicht sein. Nutzen Sie die ersparte Zeit zur Erholung. Oder verbinden Sie beides: Fernsehen und Wäsche falten geht durchaus gleichzeitig. Ein liebevoll zubereitetes Abendessen ist auch für den Koch eine Entspannung – jedenfalls, wenn er den ganzen Tag am Schreibtisch gesessen hat.

Man spart oftmals auch Zeit, indem man die unwichtigen Dinge aufschiebt. Es ist vielleicht nicht ratsam, Geschenke erst in letzter Minute zu besorgen. Aber es beschleunigt die Kaufentscheidung ungemein.

## 6.11 Wo sollte man nicht sparen?

Es ist klar, es gibt Zeiten, da kommt man zu nichts. Da platzen Verabredungen und das Fitnesstraining fällt aus und das Abendessen bestellt man beim Pizzaservice. Es ist aber nicht ratsam, längere Zeit auf Sport, auf Schlaf oder auf ausgewogene Ernährung zu verzichten. Über kurz oder lang rächt sich das, weil sich durch eine ungesunde Lebensweise die Leistungsfähigkeit reduziert. Spannungskopfschmerz tritt zum Beispiel oft gerade in Phasen auf, in denen man sich erholen will. Das ist aber ein Zeichen, dass man überfordert ist, und gerade für die Dissertation braucht man einen klaren Kopf. Aber es können auch die Rückenschmerzen oder die schmerzenden Handgelenke sein, die Sie am Vorankommen hindern. Oder die Augen machen Probleme. Jeder hat seine Achillesferse. Achten Sie darauf, dass Sie bei Kräften bleiben, gerade in Stresszeiten. Sie können sich ein Minimum an Bewegung verschaffen, indem Sie möglichst viele Wege zu Fuß oder mit dem Fahrrad erledigen und bei der Arbeit am Schreibtisch immer wieder einmal aufstehen; Sie können eins der Vollwert – Schnellrestaurants besuchen, die es schon in vielen Städten gibt.

Sehr empfehlenswert ist das Zwanzig-Minuten-Schläfchen nach dem Mittagessen („Power-napping"). Es hat längst das Image verloren, nur etwas für „Weicheier" zu sein. Die Leistungsfähigkeit wird durch eine Entspannungsphase nachweislich gesteigert: Sie sind fit für den Nachmittag, statt sich womöglich eine ganze Stunde durch das Mittagstief zu quälen. Leider hat nicht jeder die Möglichkeit zu so einem Schläfchen. Aber wenn es geht, probieren Sie es aus. Es ist Übungssache, diese Zeit genau so zu dosieren, dass man sich erholt, aber nicht so tief einschläft, dass man nicht mehr in Schwung kommt. Stellen Sie sich am besten einen Wecker. Nur eingeschränkt zu empfehlen ist die so genannte „Schlüsselbundübung": Man sitzt so entspannt wie möglich auf einem Stuhl und hält in der Hand einen Schlüsselbund. Wenn man beginnt, einzuschlafen, entspannt sich die Hand und der Schlüssel fällt klirrend zu Boden. Durch diesen Weckreiz können sich eventuell vorhandene Schlafprobleme verstärken („Ich darf nicht einschlafen").

## 6.12 Wie viel Disziplin ist nötig?

Marcel Proust lässt seinen Erzähler im zweiten Teil der *Suche nach der verlorenen Zeit* beschreiben, wie er, vom Wunsch beseelt, ein Buch zu schreiben, doch keinen Anfang findet. Er wartet auf den Tag, an dem er voller Kraft und Inspiration ist, aber dieser Tag mag einfach nicht kommen.

> *Unglücklicherweise war der folgende Tag auch nicht der den Dingen zugewendete, aufnahmebereite, auf den ich fieberhaft harrte. Als er zu Ende gegangen war, hatten meine Trägheit und mein mühevoller Kampf gegen gewisse innere Widerstände nur vierundzwanzig Stunden länger gedauert. Und als dann nach mehreren Tagen meine Pläne nicht weiter gediehen waren, hatte ich nicht mehr die gleiche Hoffnung auf baldige Erfüllung, aber daraufhin auch weniger das Herz, dieser Erfüllung alles andere einfach hintanzustellen: ich fing wieder an, nachts lange aufzubleiben, da ich nicht mehr, um mich des Abends zu frühem Schlafengehen zu zwingen, die feste Voraussicht des am folgenden Morgen begonnenen Werkes in mir fand. Ich brauchte, bevor mein Schwung wiederkehrte, mehrere Tage der Entspannung, und das einzige Mal, als meine Großmutter in sanftem, traurig enttäuschtem Ton einen leisen Vorwurf in die Worte kleidete: »Nun? Und diese Arbeit, an die du gehen wolltest – ist davon gar keine Rede mehr?« war ich böse auf sie.*
>
> *Marcel Proust, Im Schatten junger Mädchenblüte, 1. Teil.*

Hatte der junge Mann ein disziplinarisches Problem, oder war es eher so, dass der Zeitpunkt für sein Beginnen einfach noch nicht gekommen war? Diesen Kampf gegen die inneren Widerstände kann Ihnen wohl jeder schildern, der ein größeres Projekt zu bewältigen hatte. Dieses gelähmte Verharren steht im vollkommenen Widerspruch zu dem, was nach dem Gelingen berichtet wird: Von der Zeit, in der man seine ganze Kraft und Produktivität in die Sache gesteckt hat und in der der Rest der Welt im Nebel zu versinken schien, weil nur das eine Ziel wichtig schien.

Disziplin hat zwei Aspekte: Die eine ist die Motivation, die andere die Gewohnheit. Es ist ungeheuer schwer, eine Aufgabe anzugehen, zu der man einfach keine Lust hat. Wenn Sie Leute fragen, wie sie es schaffen, regelmäßig zu laufen, so werden Sie höchstwahrscheinlich zu hören bekommen „weil es mir gut tut" oder „weil es mir Spaß macht". Das Wohlbefinden ist eine viel konkretere, wirksamere Motivation wie die abstrakte Gesundheitsförderung, deren Ergebnisse in weiter Ferne liegen. Andere Aufgaben bewältigen wir nur, weil sie sich in jahrelanger Routine eingeschliffen haben und wir nicht weiter darüber nachdenken. Vielleicht ist es der falsche Weg, sich ständig zu fragen, wie man seine Vorsätze durchhalten soll. Wenn Entschlüsse ständig scheitern, dann brauchen Sie vielleicht Hilfe bei der Umsetzung (etwa im Umgang mit Sprechängsten oder Schreibblockaden) oder müssen sich überlegen, ob es wirklich das ist, was Sie wollen. Wenn Sie eine Sache wirklich elektrisiert hat, dann denken Sie über Disziplin überhaupt nicht mehr nach.

In dem Moment ist es auch gut, schon vieles abgeblockt zu haben, das ins Zeitkontingent nicht mehr passt. „Der Kreative senkt seine Belastbarkeit", rät der Kreativitätsexperte Klausbernd Vollmar. Denn „die besten Ideen finden uns, wenn wir loslassen". Eine gute Organisation des Alltagsgeschäfts schafft Ihnen Zeit – Räume für schöpferische Tätigkeit. Schreiben Sie sich nicht immer mehr Dinge auf die Liste, sondern üben Sie das Streichen und Liegenlassen. Vollmar rät sogar zu „Zeitbrüchen":

„Bauen Sie Stolpersteine für reibungslose zeitliche Abläufe in Ihre Planung ein, um plötzlich freie Zeit zu haben. Üben Sie, Ihren Zug oder Ihren Bus abfahren zu lassen und auf den nächsten zu warten. Plötzlich haben Sie Zeit." Und dann? „Zeitbrüche zwingen zum Innehalten. Sie sind gut zum Nachdenken und um sich in Probleme einzufühlen."

Solche Ratschläge sind nicht unbedingt wörtlich zu nehmen, denn sich auf einem winterlichen zugigen Bahnsteig zu erkälten nutzt sicher nichts. Aber erinnern Sie sich daran, wenn Ihnen einmal der Bus vor der Nase wegfährt oder Sie irgendwo warten müssen: Es gibt eine Alternative zum Sich-Ärgern. Führen Sie immer Notizblock und Bleistift mit sich. Lesen Sie, oder gönnen Sie sich einfach eine produktive Pause.

Unordnung frisst jedoch Zeit und hemmt die Kreativität, macht nervös und unzufrieden. Nur: Das Wegwerfen fällt schöpferischen Menschen oft schwer. An einem Zettelchen hängt vielleicht eine Erinnerung, eine Idee... da muss man kompromissbereit sein.

**Wollen Sie mehr wissen?**

Bücher zum Zeitmanagement gibt es wie Sand am Meer. Die Klassiker sind [Seiwert 01], [Covey 00], [Mackenzie 95], [Mackenzie und Waldo 95]; völlig in die andere Richtung geht [Geißler 01]. In [Vollmar 00] geht es – ebenfalls recht unkonventionell – um Kreativität im Alltag.

# 7 Was tun gegen Forscher-Frust?

*Das Ärgerliche an dieser Welt ist, dass die Dummen todsicher sind und die Intelligenten voller Zweifel.*

*Bertrand Russell*

Was ist die Berufskrankheit der Doktoranden? Frust. Wir kennen jedenfalls niemanden, der es „ohne“ geschafft hat. Und das ist auch kein Wunder. Frust begleitet jede wissenschaftliche oder künstlerische Tätigkeit, nicht ständig, aber immer wieder einmal. Denn (vgl. Kapitel 0) nicht zu jeder Zeit läuft die Arbeit „rund“.

Dieses Buch will Ihnen helfen, solche Tiefs zu überwinden, ersparen kann Ihnen diese Erfahrungen aber niemand. Wir wollen an dieser Stelle dennoch versuchen, den Doktoranden-Frust ein wenig unter die Lupe zu nehmen.

## 7.1 Reicht das Talent?

Es ist schwer herauszufinden, ob man unter einer schöpferischen Krise leidet, die bei einer größeren Aufgabe unausweichlich ist – oder ob man verzweifelt, weil man sich mit der Promotion doch nicht das richtige Ziel gesetzt hat und sich selbst vergewaltigen muss, um voran zu kommen. In diesen Fällen ist es sicher ratsam, sich nach einer anderen Tätigkeit umzusehen. Aber wie sich entscheiden?

Weit verbreitet ist ein Schwarz-Weiß-Denken, nach dem es Begabte und Unbegabte gibt – den Begabten fliegt alles zu und die Unbegabten sind hoffnungslos. Bei so einem Denken ist kein Platz für Lern- und Entwicklungsprozesse – als würde es nichts nutzen, sich anzustrengen. So ein Denken diskreditiert auch die Begabten, indem es unterstellt, dass sie weniger hart arbeiten (meist ist das Gegenteil der Fall). Begabung kann sogar ein Hindernis sein, weil sie vorgaukelt, wissenschaftlich zu arbeiten müsste leicht fallen – eine trügerische Illusion.

Herrmann Hesse hatte größte Probleme damit, dass er sehr viele Briefe von jungen Menschen bekam, die Gedichte schrieben und wissen wollten, ob sie begabt seien. Er lehnte es aber ab, derartige Beurteilungen auszusprechen, weil er derlei für unseriös hielt.

*Die „Wahrheit" ist nicht so leicht zu finden. Ich halte es sogar für vollkommen unmöglich, aus Proben eines Anfängers, den man nicht persönlich sehr genau kennt, irgendwelche Schlüsse auf sein Talent zu ziehen. [...] und wer Ihnen verspricht, aus Ihren Anfängermanuskripten Ihr literarisches Talent zu taxieren, wie ein Graphologe den Charakter des Abonnenten in der Briefstellerecke der Zeitung begutachtet, der ist ein recht oberflächlicher Mann, wenn nicht ein Schwindler.*

*Hermann Hesse, „An einen jungen Dichter", 1910.*

Was für das literarische Talent gilt, stimmt sicher auch für das wissenschaftliche. Niemand kann voraussehen, wie sich jemand weiter entwickelt. Viel wichtiger, als einem möglicherweise unterentwickeltem wissenschaftlichen Talent nachzuspüren, ist es, eine Arbeitsweise zu erwerben, die der Sache nutzt (nicht nur Ihrer eigenen): Diese beruht auf Sorgfalt, Verantwortungsgefühl, Ehrlichkeit und der Fähigkeit zur Selbstkritik. Selbstherrliche Überflieger sind heutzutage sowieso nicht gefragt.

## 7.2 Selbstzweifel und Selbstblockaden

Es gibt Menschen, die nie mit sich zufrieden sind, immer nur auf ihre Unzulänglichkeiten starren. Wenn sie etwas begreifen, meinen sie, das sei doch trivial, wenn sie etwas nicht verstehen, führen sie das auf ihre Unfähigkeit zurück. Auch gute Noten können sie nicht überzeugen, und wenn jemand sie lobt, heißt das für sie nur, dass derjenige „keine Ahnung" hat. Sie scheinen darauf zu warten, dass ihr Psychiater diagnostiziert: „Sie haben keine Minderwertigkeitskomplexe. Sie *sind* minderwertig." Sie denken: Wer mich liebt, mit dem stimmt was nicht (Groucho Marx wollte keinem Club angehören, der Leute wie ihn aufnehmen würde...).

Und dann gibt es Leute, die sind das glatte Gegenteil. Sie sind sehr von sich überzeugt. Wer sie kritisiert, hat sie missverstanden und wird ignoriert, wer sie lobt, hat das Genie erkannt. Diese Haltung geht oft mit einer oberflächlichen Arbeitsweise einher.

In dem Wort *Zweifel* steckt die Zahl *zwei*. Da ist Ihr Bemühen, gute Arbeit zu leisten, und der Skeptiker, der sich fragt, ob das auch wirklich gut ist. Aber gerade diese Skepsis ist unerlässlich. Kritisch wird es nur, wenn das Gefühl, nicht gut genug zu sein, Sie arbeitsunfähig macht.

Wenn Sie nicht wissen, ob Ihre Arbeit gut ist, können Sie jemand fragen – aber wen? Ihren Doktorvater? Das geht nur dann, wenn Sie ein wirkliches Vertrauensverhältnis haben und Sie nicht befürchten müssen, dass alles, was Sie sagen, gegen Sie verwendet wird. Vielleicht sind Sie aber mit einer anderen Person an der Universität gut vertraut? Dennoch, solche Urteile sind immer mit Vorsicht zu genießen, sowohl positive als auch negative. Es kommt immer darauf an, wer da spricht. Viele Professoren sind vorsichtig mit ihren Urteilen, manche sind schnell zu begeistern, einige machen sich einen Sport daraus, anderen Fehler und Unzulänglichkeiten nachzuweisen (vielleicht aus eigener Unsicherheit heraus). An welchen Typ Sie gerade geraten sind, finden Sie erst mit der Zeit heraus. Über den Umgang mit Kritik und Kritikern finden Sie viele gute Gedanken in [Freemann und Wolf 04].

Sie stehen erst am Anfang Ihrer Laufbahn und werden noch viel dazulernen; wenn Ihnen jemand sagt, womit Sie am besten beginnen, dann sind Sie schon gut beraten.

Nichts gegen Ihre Freunde, aber Freunde sind nicht immer auch gute Ratgeber. Es mag sein, dass sie Sie überschwänglich, aber unkritisch loben, oder sie sticheln herum, weil sie insgeheim neidisch sind. Auch Ihre Eltern sind nicht zwangsläufig kompetent, Ihre wissenschaftlichen Fähigkeiten zu beurteilen. Natürlich ist es sehr wichtig, sich als Person angenommen zu fühlen – aber das hat mit Ihrer Fachkompetenz nicht viel zu tun.

Summa summarum: Es gibt keine letzte Instanz, die über Ihre Fähigkeiten entscheidet. Letzten Endes liegt es bei Ihnen, sich das Promovieren zuzutrauen. Versuchen Sie, ehrlich zu sich selbst zu sein, achten Sie darauf, wie sich andere Personen Ihnen gegenüber verhalten und überlegen Sie, was Sie wirklich wollen. Sie werden immer wieder auf die Frage „Warum will ich promovieren?“ zurückgeworfen.

## 7.3 Das Auf und Ab der Gefühle

Frustration kann in allen Phasen der Promotion auftreten: Zu Beginn, wenn es Orientierungsprobleme gibt, dann, wenn die ersten Vorträge und Veröffentlichungen anstehen, gegen Ende, wenn alles unübersichtlich wird, viele Kleinigkeiten unendlich viel Zeit zu fressen scheinen, alles nicht so gut ist, wie man es sich gewünscht hätte.

Was sich im Ergebnis als abgeschlossenes, wohlgeordnetes Werk präsentiert, nämlich die Dissertation, ist im Normalfall alles

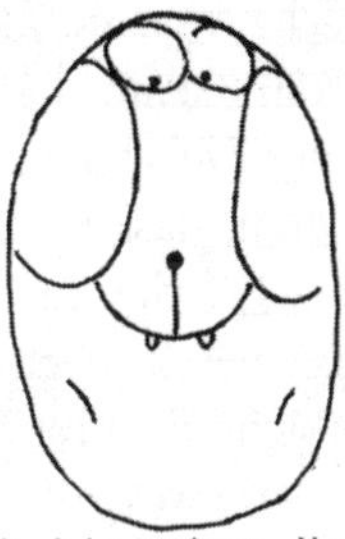


andere als wohlgeordnet entstanden. Da gibt es Sackgassen, Irrwege, Neuorientierungen, Themenänderungen, Schwerpunktverlagerungen. Man *kann* vorher gar nicht wissen, worauf das alles hinausläuft. Manchmal sieht es aus, als käme man überhaupt nicht vom Fleck. Das ist alles normal!

Aber es ist ganz natürlich, mit der Arbeit hin und wieder zu hadern. Die Auseinandersetzung mit dem Thema ist zäh, aber unvermeidbar. Fragen Sie Ihre Kollegen, Professoren, lesen Sie die Einleitungen von Dissertationen: Dass Promovieren ein Kinderspiel ist, wird Ihnen niemand sagen.

*Niedergeschlagenheit ist in Wirklichkeit Konzentration.*
*Mario Puzo*

Und dann sind da noch ein paar Kleinigkeiten, die es den Doktoranden schwer machen. Im Gegensatz zu Studierenden und Professoren sind sie fast gar nicht organisiert, denn irgendwie „lohnt sich das nicht". Die Freiheit des Studentenlebens ist vorbei, aber finanzielle Sicherheit ist noch nicht in Sicht. Aber sie sind im besten Alter, eine Familie zu gründen, was viele ja auch tun. Der Druck kann da schon einmal sehr groß werden.

Viele Doktoranden lenken sich von ihren Schwierigkeiten ab, indem sie mehr Zeit für die Lehre oder Verwaltungstätigkeiten, die „sonstigen Dienstaufgaben", aufwenden als nötig. Wir wollen hier niemand aufstacheln, seine Pflichten zu vernachlässigen. Jedoch liegt eine große Gefahr darin, dass Sie durch diese Tätigkeiten Ihr eigentliches Ziel aus den Augen verlieren. Wenn Sie nach außen signalisieren, dass Sie freiwillig Mehrarbeit auf sich nehmen, bekommen Sie die auch; schließlich ist immer genug zu tun. Wie schon beschrieben, sollten Sie sich Zeiten reservieren, in denen Sie sich nur ihrer Forschungstätigkeit widmen – auch wenn es zeitweise weh tut.

Im übrigen können Sie auch für Ihre Sorgen Termine reservieren. Denken Sie an eine Hebamme, die zu einer Geburt gerufen wird und im selben Moment erfährt, dass ihr halbwüchsiger Sohn beim Klauen im Supermarkt erwischt worden ist. Sie wird sich denken „das Bürschchen knöpfe ich mir später vor“ und ihrem Job nachgehen. Machen Sie es genauso. Helfen Sie Ihrer Dissertation auf die Welt und verabreden Sie sich zu anderer Stunde mit Ihren Depressionen. Und dann bemitleiden Sie sich so richtig. Schließlich haben Sie auch dazu mal ein Recht.

Im übrigen achten Sie darauf, dass Sie auch noch ein Leben außerhalb Ihrer Promotion führen. Vermeiden Sie ein Denken nach dem „Hinter-mir-Schema“: Wenn ich erst die Schule hinter mir habe..., wenn ich erst das Studium hinter mir habe..., wenn ich erst die Promotion hinter mir habe..., wenn ich erst das Leben hinter mir habe...

Versuchen Sie, sich insgesamt positiv zu stimmen. Sie müssen deshalb nicht gleich dem Positiv-Denken-Trend hinterherlaufen. Ein vernünftiges Frühstück sorgt für einen guten Start in den Tag, ein Büro, in dem Sie sich wohl fühlen, macht zufriedener, eine abendliche Verabredung gibt dem Tag ein Highlight. Beachten Sie Ihre persönliche Leistungskurve. Vergeuden Sie nicht Ihre kreativsten Phasen mit unwichtigen Aufgaben, und frustrieren Sie sich nicht in weniger energiegeladenen Zeiten durch schwierige Probleme. Machen Sie rechtzeitig Pausen. Treiben Sie Sport.

Wer tagelang unter einer „totalen Mattscheibe“ leidet, möge Trost finden in den folgenden Auszügen aus den Tagebüchern von Stefan Zweig, der schließlich ein beeindruckendes Lebenswerk hinterließ:

*Samstag, 14. September [1912] Gar nichts gearbeitet. Gar nichts.[...]*
*Sonntag 15. September Wieder viel und gut gelesen, nichts getan, [...]*
*Montag, 16. September [...] Sonst nur Spaziergänge, keine Zeile geschrieben. Das muss anders werden. Schon morgen beginne ich energisch, ich habe es mir versprochen.*
*Dienstag, 17. September Eine schlechte Woche. Mein Gehirn ist wie weich geworden, ich kann keinen Gedanken fassen, meine Stunden zergehen lau und sinnlos.[...]*
*Donnerstag, 19. September Wieder dumpfer vernebelter Vormittag [...]*
*Freitag, 20. September Wenig, wenig, wenig! [...] Samstag, 22. September. Wieder dumpfes Verbringen, ich bin jetzt morgens sehr müde, weil ich schlecht schlafe.*

> Wenn Sie in solch einem „Motivationsloch“ stecken, nutzen Sie den Arbeitsbogen 13 als ersten Schritt, um wieder heraus zu kommen.

Zu einem klugen Selbstmanagement gehört auch, zu erkennen, dass man sich selbst im Weg steht. Das kann man bei anderen viel leichter sehen als bei sich selbst. Ein typisches selbstblockierendes Verhalten ist das Aufschieben. Heiko Ernst schildert es folgendermaßen:

*Auch das Aufschieben und Hinauszögern von zu erledigenden Aufgaben beweist sich als eine Form der Selbstsabotage, die vor allem als psychischer Selbstschutz zu begreifen ist. Zauderer und Aufschieber genießen keineswegs die „freie Zeit“, die sie durch ihre Taktik gewonnen haben. Faulheit ist nicht ihr eigentliches Motiv, vielmehr scheuen sie den Augenblick der Wahrheit, in dem ihre Leistung gemessen und bewertet wird. Die sogenannte Schreibblockade bei Schriftstellern ist die maskierte Angst, vielleicht doch nicht gut genug zu sein [...]. Wenn dann doch noch produziert wird – unter großem Zeitdruck, bei bereits überzogenen Terminen und in aller Hast und Eile –, dann lässt sich aus der Taktik des Verzögerns ein Argument des Selbstschutzes ableiten: Die wahrscheinlich unbefriedigende und unzureichende Leistung kann gar nicht mehr von der vollen Härte der Kritik getroffen werden, denn sie ist ja unter erschwerten Bedingungen, unter Zeitdruck zustande gekommen. Das Verzögern und Hinausschieben ist eine Form des selbstauferlegten Handicaps, der bewussten Behinderung der eigenen Leistungsfähigkeit.*

*Heiko Ernst in „Psychotrends. Das Ich im 21. Jahrhundert. Piper, 1998*

Die Angst, nicht gut genug zu sein, ist nicht krankhaft. Sie wird erst dann gefährlich, wenn sie – durch verschiedene unproduktive Verhaltensweisen – dazu führt, dass Ihre Leistungen hinter dem zurückbleiben, was Sie eigentlich können. Diese Angst bedroht den Abschluss Ihrer Arbeit und nimmt nicht zuletzt der Wissenschaft die Chance, durch Ihre Beiträge bereichert zu werden.

## 7.4 Fließen

Die wissenschaftliche Arbeit verursacht nicht nur Niedergeschlagenheit, sondern auch andere, sehr schöne Gefühle. Als „Neurobiologie der Höchstleistung" beschreibt Daniel Goleman in seinem Bestseller „Emotionale Intelligenz" das „Fließen" (Flow), einen rauschhaften Zustand der Selbstvergessenheit bei einer künstlerischen, sportlichen, aber auch jeder anderen Aktivität, wenn sie gern und intensiv betrieben wird. Das Fließen löst spontane Freude und Verzückung aus. „Es lässt sich vielleicht am besten vergleichen mit einem ekstatischen Liebesakt, bei dem zwei zu einem fließenden harmonischen Eins verschmelzen."

Wenn Ihnen das übertrieben vorkommt, beobachten Sie einmal ein kleines Kind, das bäuchlings auf der Erde liegt und über fünf Legosteinen die Welt vergessen hat, so dass die sprichwörtliche Bombe unbemerkt neben ihm hochgehen könnte. Wir Erwachsenen bedauern oft, diese Hingabe verlernt zu haben. Aber eine Arbeit, die unseren ganzen Einsatz verlangt, hält viele von diesen rauschhaften Erlebnissen für uns bereit. Wir können diesen Zustand aber nicht erzwingen, sondern nur auf uns zukommen lassen. Wenn er uns bewusst wird, ist er schon dabei, sich zu verflüchtigen. Tucholsky beschreibt diese Versenkung und das Wiederauftauchen beim Lesen:

*Manchmal, o glücklicher Moment, bist du in ein Buch so vertieft, dass du in ihm versinkst – du bist gar nicht mehr da. Herz und Lunge arbeiten, dein Körper verrichtet gleichmäßig seine innere Fabrikarbeit – du fühlst ihn nicht. Du fühlst dich nicht. Nichts weißt du von der Welt um dich herum, du hörst nichts, du siehst nichts, du liest. Du bist im Bann eines Buches. (So möchte man gelesen werden.) ... plötzlich lässt es nach. Das ist, wie wenn man aus einem Traum aufsteigt. Rechts und links an den Buchseiten tau-*

*chen die Konturen des Zimmers auf, du liest noch weiter, aber nur mit dreiviertel Kraft... da blickst du auf. Dein Zimmer grinst, unhörbar. Du schämst dich ein bißchen. Und machst dich, leicht verstört, wieder an die Lektüre. Aber so schön, wie es vorher gewesen ist, ist es nicht mehr – draußen klappert jemand an der Küchentür, der Straßenlärm ist wieder da, und über dir geht jemand auf und ab. Und nun ist es ein ganz gewöhnliches Buch, wie alle andern.*

*Aus: Kurt Tucholsky, Moment beim Lesen (1932)*

Dieser Flow birgt auch eine gewisse Gefahr, da man sich natürlich lieber den Dingen hingibt, die Spaß machen, als denen, die Unbehagen verursachen. Gepaart mit der Freiheit, die die Wissenschaft für sich in Anspruch nimmt, kommt es zu dem Phänomen, dass das erforscht wird, was den einzelnen Wissenschaftlern gefällt, und möglicherweise dringliche Probleme liegen bleiben, weil sich damit niemand beschäftigt. Auch als Einzelner läuft man Gefahr, die Dinge, die man nicht verstanden hat oder die einem zu kompliziert erscheinen, auszuklammern.

Wenn Sie in einer Phase sind, in der Sie glauben, nicht voran zu kommen, versuchen Sie, sich auf die Sache zu konzentrieren statt auf sich selbst. Haben Sie sich wieder richtig vertieft, geht es irgendwann von selber weiter, es „fließt" wieder.

**Wollen Sie mehr wissen?**

Die Buchläden sind voll mit Werken, die uns versprechen, fortan suchtfrei, glücklich und erfolgreich zu leben. Nicht alle sind zumutbar. Geistreich und treffsicher ist schildert [Watzlawick 98] die Kunst, sich das Leben schwer zu machen. [Freeman und DeWolf 04] hebt sich angenehm vom „Positiv Denken"-Trend ab. [Rückert 02] beschäftigt sich gründlich mit der Selbstblockade beim Aufschieben.

# 8 Wie lerne ich, gute Vorträge zu halten?

*Ich höre einige sich damit entschuldigen, dass sie sich nicht gehörig ausdrücken können. Sie tun so, als hätten sie den Kopf voll schöner Sachen, aber aus Mangel an Beredsamkeit könnten sie sie nicht recht herausbringen. Soll ich sagen, was ich davon halte? Das ist Schwindel. Das sind Schattengebilde, aufsteigend von einigen noch ungeformten Begriffen, die sie sich innerlich noch nicht haben klarmachen können. Darum können sie sie auch noch nicht nach außen vorbringen. Man sehe sie nur herumstottern um ihre Schwergeburt; dann zeigt sich`s, dass es sich bei ihnen noch gar nicht um Wehen der Niederkunft handelt, sondern erst um die Empfängnis. Ich meinerseits halte dafür, und Sokrates behauptet, dass, wer eine lebendige und klare Idee im Kopf hat, sie auch ans Licht bringen wird, sei es auf bergamaskisch, sei es durch Gebärden, wenn er stumm ist.*

*Michel de Montaigne*

In der Promotionszeit arbeiten Sie häufig über lange Zeit ohne Bestätigung, dass das, was Sie tun, gut, relevant oder überhaupt von Belang ist. Rückkopplung ist aber nicht nur für die Motivation wichtig; Sie brauchen rechtzeitige Absprachen mit Ihrem Betreuer, damit nicht irgendwann das „böse Erwachen" folgt. Wie stark der Betreuer an der Entwicklung der Arbeit beteiligt ist oder sich selbst beteiligt, ist unterschiedlich. Ist diese Beteiligung sehr gering, muss man sich nach anderen Möglichkeiten umsehen. Ein Vortrag im Kolloquium ist auf jeden Fall eine gute Idee.

## 8.1 Selbstmarketing beim Vortrag

Es hat keinen Sinn, sich mit der eigenen Arbeit im Zimmer zu verstecken. Sobald Sie irgend etwas einigermaßen Greifbares zu bieten haben, sollten Sie eine Möglichkeit suchen, es in kleinem Kreise vorzutragen (und so für einen größeren Kreis zu üben) – am Institut oder in einer AG. Ein solcher Vortrag muss nicht lang sein (die Zuhörer werden dankbar sein). Es sollte aber Zeit sein, um etwas detaillierter den Inhalt zu beleuchten, was bei den üblichen 20-minütigen Konferenzbeiträgen kaum möglich ist. Eine Vortragszeit zwischen dreißig und sechzig Minuten ist in den meisten Fällen ein guter Kompromiss.

Ein Vortrag ist immer auch Selbstmarketing. Um ein Publikum für sich einzunehmen, muss man sich bemühen, einen Kontakt herzustellen, an Kenntnisse und Erfahrungen anzuknüpfen, die Zuhörer „abzuholen". Zu hoffen, dass sich die guten Ideen irgendwie selbst vermitteln, ist, wie Montaigne spitzzüngig feststellt, eine Zumutung für die Hörerschaft. Bei den Zuhörern „anzukommen", setzt voraus, dass man sich vorher Gedanken über diejenigen macht, deren Zeit man in Anspruch nimmt. Viele Wissenschaftler verschwenden an so etwas offenbar wenig Gedanken. Den Zuhörern gefallen scheint irgendwie unprofessionell zu sein. Und so gehen viele Vorträge am Großteil des Auditoriums vorbei. Oftmals scheint das die Vortragenden nicht weiter zu kümmern, da sie ohnehin mehr mit der Tafel, dem Overheadprojektor und sich selbst als mit ihrem Publikum reden. Wenn sie auf halbem Wege vom Organisator erfahren, dass ihnen die Zeit ausgeht, sagen sie „o.k. I will speed up", reden dreimal so schnell und nehmen den Zuhörern jede Chance, noch etwas mitzubekommen.

Der Mathematikprofessor Beutelspacher legt den Finger in eine Wunde, indem er einen typischen mathematischen Vortrag beschreibt [Beutelspacher 01]: „Viele, insbesondere auch junge Mathematiker, glauben, ein Vortrag müsse folgendermaßen aufgebaut sein: Das erste Drittel soll für jeden Zuhörer verständlich sein, das zweite nur für die Spezialisten, das letzte Drittel schließlich für niemanden mehr. [...] Wenn man nachfragt, erhält man stereotyp zur Antwort: Wenn ein Vortrag verständlich sei, so entstünde der Eindruck, dass die eigenen Ergebnisse, über die man berichtet, zu einfach, ‚trivial' sein müssten. [...] Wenn ich weiterfrage ‚Woher wissen Sie das?', dann kommt fast stets die verlegen lächelnde Antwort: ‚Das ist doch so,... oder?'"

Andere versuchen, schwache Inhalte durch glänzende Rhetorik aufzupolieren. S. Bär sagt es deutlich: „Es ist aber ein Fehler, magere Ergebnisse durch geschwollene Fremdwörter, schnelles Reden und unübersichtlichen Aufbau verschleiern zu wollen. Die Experten unter dem Publikum lassen sich nicht täuschen und werden wütend auf den Faselhans, der ihnen die Zeit stiehlt. Zuhörer eines anderen Fachgebiets durchblicken die Taktik vielleicht nicht, doch dafür schalten sie nach ein paar Minuten ab, langweilen sich oder denken über ihre Steuererklärung nach. Hinterher haben sie leichte Minderwertigkeitsgefühle; doch vergessen sie deine Rede, noch während du sprichst, und ihre Minderwertigkeitsgefühle nehmen sie dir übel." [Bär 02]

Tun Sie also nicht das, was Sie bei anderen stört. Denken Sie nicht nur daran, dass Sie möglichst viel von Ihrer Forschung erzählen wollen. Denken Sie vor allem auch an die, die Ihnen zuhören wollen oder müssen. Niemand erwartet, dass Ihr erster Vortrag eine perfekte Darbietung ist. Aber jeder freut sich, wenn er etwas versteht. Wie geht es Ihnen, wenn Sie in Vorträgen sitzen? Was gefällt Ihnen, was weniger? Was behalten Sie – und warum? Solche Gedanken liefern schon gute Anhaltspunkte für Ihr eigenes Referat.

Es gelingt nicht immer, gute Ergebnisse zu „verkaufen"; das ist schade, denn was nützen selbst geniale Ideen, wenn andere sie nicht verstehen und weiterentwickeln können? Sie sollten, gerade gegen Ende Ihrer Promotionszeit, die eigenen (hoffentlich besseren) Ergebnisse deutlich hervorheben – das wird sogar erwartet. Es ist aber keine gute Idee, die Arbeit anderer schlecht zu machen in der Hoffnung, man selbst stünde dadurch glänzender da.

Tipps zur Vorbereitung von Vorträgen:

- Lesen Sie laut (z.B. das, was Sie selbst geschrieben haben, siehe auch Abschnitt 9; oder lesen Sie Kindern vor!), am besten stehend, um sich daran zu gewöhnen.
- Üben Sie im leeren Besprechungsraum das Hantieren mit Folien und Overheadprojektor oder mit dem Notebook – oder absolvieren Sie gleich eine Generalprobe für den ganzen Vortrag (sehr empfehlenswert, wenn es wirklich wichtig ist, zum Beispiel vor Ihrer Prüfung).
- Nehmen Sie den Vortrag auf Band auf und überprüfen Sie Ihre Sprechweise und vor allem auch das Tempo, in dem Sie reden.
- Faustregel: Höchstens fünf Punkte auf einer Folie
- Benutzen Sie Formeln nur, wo sie absolut unumgänglich sind.
- Benutzen Sie Bilder, wo immer das möglich ist, denn sie vermitteln Inhalte meist schneller und prägen sich besser ein.

Denken Sie daran: Ihre Zuhörer kennen nur einen Sender, und der heißt Wa-bri-mi-da: „Was bringt mir das?“ [Boylan 96]. Wenn Sie den Vortrag unter diesem Blickwinkel vorbereiten und halten, werden Sie manches technische Detail zugunsten von allgemeineren Erklärungen streichen. Wer es genauer wissen will, wird sich bemerkbar machen.

Sind Sie vor Ihren Vorträgen nervös? Damit sind Sie nicht allein:

> *Ich pflegte in früheren Jahren häufig öffentlich zu sprechen; zuerst hatte ich ein wahres Grauen vor jedem Vortrag und sprach infolge meiner Nervosität herzlich schlecht. Ich hatte jedesmal solche Angst, dass ich im stillen hoffte, ich würde mir vorher das Bein brechen, und wenn es vorüber war, war ich von der nervösen Anspannung ganz erschöpft. Allmählich erzog ich mich zu der Einsicht, dass es gleichgültig sei, ob ich gut oder schlecht spräche, da die Welt sicher in keinem von beiden Fällen erheblich verändert würde. Ich merkte bald, dass ich um so besser sprach, je weniger mir daran lag, wie ich sprach, und mit der Zeit verging mein Lampenfieber so gut wie völlig.*
>
> *Bertrand Russell*

Im übrigen verlaufen die meisten Vorträge vollkommen unspektakulär. Für Sie selbst mag es etwas ganz Besonderes sein, für Ihre Zuhörer (und das gilt besonders für die Professoren) gehören Vorträge zur Tagesordnung. Kein ernstzunehmender Mensch geht mit dem Gedanken „den hau ich in die Pfanne“ in Ihren wissenschaftlichen Vortrag. Oder eilt Ihnen ein so abenteuerlicher Ruf voraus?

## 8.2 Kritik konstruktiv nutzen

Die meisten Publikumsreaktionen in wissenschaftlichen Vorträgen sind Verständnis- und Ergänzungsfragen und werden in wohlwollendem Ton geäußert. Von all den kniffeligen Detailproblemen, mit denen Sie im stillen Kämmerlein gekämpft haben, wissen die Zuhörer normalerweise nichts. Wenn Sie sorgfältig gearbeitet und Ihren Vortrag gut vorbereitet haben, gibt es keinen Grund zur Panik. Deuten Sie in harmlose Fragen keine Attacken hinein, antworten Sie sachlich und geduldig.

Je besser Ihr Publikum mit dem Thema, über das Sie vortragen, vertraut ist, desto wahrscheinlicher ist es, dass ein Fachkundiger doch einmal eine echte Kritik äußert. Unter diesem Blickwinkel kann ein Vortrag in einem kleinen Kreis von Spezialisten sehr viel ungemütlicher sein als einer vor einem größeren, aber unbefangenen Publikum. Kritik kann sachlich vorgetragen werden, sie kann aber auch giftig und verletzend sein. Gerade zu Beginn der wissenschaftlichen Laufbahn ist es schwer, Bewertungen nicht auf die eigene Person zu beziehen. Denn mit dem, was man forscht, zeigt man ja auch, was man kann, und Fehler lässt sich niemand gern nachweisen. Aber in den meisten Fällen geht es Ihrem Gegenüber um die Sache und nicht darum, Sie zur Schnecke zu machen.

Mit Kritik muss man nicht nur leben – man kann und sollte sie nutzen. Dabei muss man, wie überall, die Spreu vom Weizen trennen. Nicht jede Kritik ist von Kompetenz getragen, aber man sollte immer genau hinhören. Hegt jemand ernste Zweifel an der Richtigkeit dessen, was Sie vortragen, sollten Sie keineswegs eilig widersprechen und sich so möglicherweise noch weiter verzetteln. Bei einem Vortrag kann man durchaus einräumen „Das habe ich so noch nicht bedacht“ und dann ggf. später die Diskussion im Einzelgespräch vertiefen. Irren ist menschlich, auch in Prüfungen. Fatal ist es, auf Fehlern zu bestehen und sich uneinsichtig zu zeigen. Aber gestehen Sie auch nicht voreilig Irrtümer ein; schließlich haben Sie sich vorher überlegt, was Sie sagen und möglicherweise ist der andere im Unrecht, nach dem Motto „Man muss Kritik üben, wenn man es noch nicht so richtig kann."

Manche Fragen scheinen in freier Assoziation zum Thema zu entstehen, abhängig vom jeweiligen Vorwissen oder einem Artikel, den jemand kürzlich zufälligerweise in die Hand bekam. Diese Fragen sind in den seltensten Fällen bösartig oder sollen den Vortragenden in Verlegenheit bringen. „Das weiß ich nicht" oder „Da kenne ich mich nicht aus (aber es klingt interessant o.ä.)" sind dann legitime Antworten und auf jeden Fall irgendwelchen vermeintlich wohlklingenden Worthülsen vorzuziehen. Vielleicht bieten solche Fragen auch Anregungen für weitere Forschung. Ergänzungen zu Ihrem Vortrag gehen in Ordnung; Sie müssen sie im Idealfall nur mit Zustimmung quittieren.

Lernen Sie Ihre Zuhörer kennen! Manche Personen sitzen während des ganzen Vortrags scheinbar teilnahmslos da. Auch offensichtliche Schläfrigkeit, zufallende Augen und herabnickende Köpfe sind schon beobachtet worden, sogar in Promotionsprüfungen. Das kann, muss aber nichts mit Ihrem Vortrag zu tun haben. Vielleicht ist der vielbeschäftigte Forscher gerade von einer anstrengenden Reise zurück, vielleicht hat er Kinder, die noch nicht durchschlafen, vielleicht ist auch eine Grippe im Anmarsch. Doch selbst Leute, die dem Anschein nach gar nicht zuhören, stellen oft am Ende des Vortrags Fragen. Unterschätzen Sie sie nicht!

Einige Zuhörer verwenden Fragen und Kritik, um sich zu profilieren – erkennbar daran, dass sie einen Kurzvortrag halten, der mit der Sache nichts zu tun hat, Scheinfragen stellen oder anfangen, den Vortragenden zu examinieren. Manche sind bekannt dafür, dass sie Witzchen auf Kosten des Vortragenden reißen. In diesen Fällen heißt es: Cool bleiben! Lassen Sie sich nicht auf einen Zweikampf ein, es ist viel wichtiger, vor dem Publikum als Gesamtheit souverän zu bleiben. Die anderen Zuhörer werden den Störenfried ebenso lästig finden wie Sie, halten Sie sich nicht zu lange mit ihm auf.

Persönliche Angriffe kommen zum Glück nur selten vor, aber Vorsicht: Es passiert bevorzugt Leuten, die sich allzu siegessicher gebärden! Gerät die Diskussion aus dem Ruder, hilft Ihnen normalerweise der Veranstalter (der „Chair"). Aber wie gesagt, das ist sehr selten.

Die Killerphrase „Das ist nichts Neues, was Sie da erzählen" ist selber auch nicht neu. Dieser Satz wird immer wieder gebracht, vielleicht auch deshalb, weil er so schön schockierend ist. Jeder hat Angst, kalten Kaffee zu servieren. Dieser Satz liefert keine wirkliche Information, am besten fragen Sie nach, wer denn die Fragestellung bereits bearbeitet hat und wo das dokumentiert ist. Entweder bekommen Sie dann tatsächlich konstruktive Hinweise oder der Zuhörer entlarvt sich selbst. Prinzipiell ist die Frage „Was ist daran neu?" natürlich berechtigt; überlegen Sie sich *vorher* eine Antwort, damit Sie nicht erschrocken zusammenzucken, wenn sie tatsächlich gestellt wird.

Dass es bei Diskussionen nicht immer um die Wahrheitsfindung geht, ist ja bekannt.

*Also die objektive Wahrheit eines Satzes und die Gültigkeit desselben in der Approbation der Streiter und der Hörer sind zweierlei.[...]*

*Woher kommt das? – Von der natürlichen Schlechtigkeit des menschlichen Geschlechts. Wäre diese nicht, wären wir von*

*Grund auf ehrlich, so würden wir bei jeder Debatte bloß darauf ausgehen die Wahrheit zu Tage zu fördern, ganz unbekümmert ob solche unsrer zuerst aufgestellten Meinung oder der des Andern gemäß ausfiel: dies würde gleichgültig, oder wenigstens ganz und gar Nebensache seyn. Aber jetzt ist es Hauptsache.*

*Artur Schopenhauer*

Am trostlosesten ist es jedoch, wenn am Ende des Vortrags weder Fragen noch Kritik kommen. Dann haben Sie Ihre Zuhörer möglicherweise überfahren, waren zu schnell oder zu speziell. Vielleicht hat es auch gar nichts mit Ihrem Vortrag zu tun. Viele Vorträge, zumal auf Konferenzen mit dichtgedrängtem Programm, gehen im Eifer des Gefechts oder im Mittagstief unter. Sind *Sie* bei jedem Vortrag, den Sie hören, mit Ihrer ganzen Aufmerksamkeit dabei und stellen interessierte Fragen? Machen Sie spontan Ihrer Begeisterung Luft? Na also.

**Wollen Sie mehr wissen?** [Beutelspacher 01] ist eine heilsame Lektüre für Mathematiker. Über Rhetorik gibt es sehr viele Bücher, beispielsweise [Boylan 96] und [Holzheu 02], wobei die Investition in ein Rhetorikseminar vielleicht eine gute Alternative zum Bücherkauf ist. Zum Umgang mit Kritikern siehe z.B. [Freeman und DeWolf 04].

# 9 Wie schreibe ich meine Dissertation?

*Schreiben ist harte Arbeit. Ein klarer Satz ist kein Zufall. Sehr wenige Sätze stimmen schon bei der ersten Niederschrift oder auch nur bei der dritten. Nehmen Sie das zum Trost in Augenblicken der Verzweiflung. Wenn Sie finden, dass Schreiben schwer ist, so hat das einen einfachen Grund: Es ist schwer.*

*W. Zinsser*

Im Studium haben Sie bereits kleinere und größere schriftliche Arbeiten angefertigt, meist unter Anleitung. An Ihre Dissertation werden höhere Ansprüche gestellt, zum einen, weil Sie etwas erkennbar Neues für die Wissenschaft liefern sollen, zum anderen aber auch, weil Sie sehr viel selbständiger arbeiten müssen. Entsprechend höher sind die Anforderungen an Ihre Schreibfähigkeiten. Die Angst vor dem leeren Blatt ist sprichwörtlich und auch unter Doktoranden weit verbreitet. Inzwischen gibt es auch an deutschen Hochschulen eine Reihe von Angeboten, das wissenschaftliche Schreiben zu lernen (siehe auch „Internet-Fundstellen"). Denn es wurde erkannt, dass mangelnde Schreibfähigkeiten Studiums- und Promotionsabschlüsse gleichermaßen gefährden.

Neben den beschriebenen Techniken, der Kreativität auf die Sprünge zu helfen, gibt es auch Hilfen, um den Schreibfluss in Gang zu bringen und die Ausdrucksfähigkeit zu verbessern.

## 9.1 Wie lernt man „wissenschaftlich schreiben"?

Was unterscheidet das wissenschaftliche Schreiben vom Schreiben im Alltag? Vor allem ist es wohl dies: Sie müssen alles, was Sie schreiben, belegen, beweisen oder wenigstens plausibel begründen; Quellenangaben und Zitate nehmen einen breiten Raum ein. Sie müssen ständig mit anderen Publikationen „kommunizieren". Ihre Meinung und Ihre Person sollen aber hinter Ihren Ergebnissen zurückstehen. Ihre Gefühle interessieren niemanden. Die Sprache, zumal in den Natur- und Ingenieurwissenschaften und erst recht in der Mathematik, ist standardisiert. Es herrscht die „Konvention der Kühle". Es ist also kein Wunder, dass diese Art zu schreiben erst erlernt werden muss und sich nur durch viel Routine einschleift. Seien Sie nicht enttäuscht, wenn sich Ihre ersten Versuche noch nicht besonders professionell anhören.

Für wen schreiben Sie eigentlich Ihre Dissertation? Was ist Ihre *Zielgruppe*? Eine Dissertation ist kein Lehrbuch, sondern richtet sich an eine nicht weiter spezifizierte Forschungsgemeinde. Je nach Breite Ihrer Darstellung sind das mehr oder weniger Personen. Es ist schwierig für Sie, sich ein Bild von Ihren Lesern zu machen, Ihre Gutachter einmal ausgenommen. In der Regel wartet „da draußen“ auch niemand auf Ihre Doktorarbeit. Die Fragen „Welche Grundbegriffe muss ich einführen?“ und „Wie weit muss ich mit meinen Erklärungen ausholen?“ sind nur für den Einzelfall zu beantworten, und die Meinungen gehen häufig auch dann auseinander. Natürlich setzen Sie allgemeine Fachkenntnisse voraus, aber bei Gebieten, die sich noch konstituieren, oder wenn Sie Ergebnisse aus mehreren Bereichen zusammentragen, ist es nicht so leicht zu sagen, was „Allgemeinbildung“ überhaupt heißt. Andererseits wollen Sie sich auch nicht dem Verdacht aussetzen, Seiten zu schinden. Sie haben hier also ein echtes Problem.

## 9.2 Wann soll ich anfangen, aufzuschreiben?

Notizen müssen Sie sich von Anfang an machen. Vielleicht schreiben Sie auch schon an kleineren Veröffentlichungen (dazu später noch mehr). Wann aber sollten Sie wirklich die „Diss“ in Angriff nehmen? Wann ist es „zu früh“, und wann ist es „zu spät“?

„Rem tene, verba sequentur“, sagt Cicero: Wenn du die Sache hast, werden die Worte folgen. Das Thema muss schon einigermaßen klar sein, bevor man überhaupt ans Aufschreiben denken kann. Jede Überlegung gleich in wohlfeile Formulierungen zu gießen und schön zu layouten, kann einen Stand der Dinge vortäuschen, der noch nicht vorhanden ist. Über Wissenslücken hilft keine Rhetorik hinweg. Vorsicht auch vor dem „Schwarz-auf-weiß-Syndrom“: Was man schriftlich hat, muss deshalb weder richtig noch gut sein (das gilt für alles Gedruckte).

Die sehr bequeme Art der Textverarbeitung am Computer beeinflusst unser Schreibverhalten. Am PC schreibt es sich schnell; im Moment, in dem man schreibt, hat alles einen provisorischen Charakter, ein schöner Ausdruck aus dem Laserdrucker wirkt dagegen schon sehr professionell. Die Unsicherheit scheint dahinter zu verschwinden – das kann hilfreich, aber auch irreführend sein.

Andererseits entsteht beim Schreiben eine Struktur, Schreiben treibt den Denk- und Erkenntnisprozess voran. Schreiben ist selbst ein kreativer Prozess. „Nur noch zusammenschreiben" – das ist ein Mythos. Eine frühzeitig aufgestellte Gliederung hilft, die Arbeit in kleine Häppchen („Elefantenstücke") aufzuteilen, und das beruhigt. Die ersten Gliederungen werden meist wieder umgeworfen, das ist ein normaler Vorgang; aber die Ordnung in Ihrem Kopf wird sich allmählich formieren, wenn Sie eine Gliederung auf dem Papier haben. Außerdem kann man sich „freischreiben", indem man Gedanken zu Papier bringt – einfach so, ohne auf die Form zu achten. Es konfrontiert Sie mit Ihrem Wissensstand, erzeugt „Klartext". Die Grundidee des *kreativen Schreibens* besteht darin, das Schreiben als solches als schöpferischen und auch therapeutischen Vorgang zu nutzen.

Wenig ratsam ist es, an verschiedenen Ecken zu forschen, die Resultate bruchstückweise zusammenzutragen und dann zu hoffen, man müsse das nur noch ein bisschen glätten. Dieses „Zusammenschreiben" dauert viel länger und ist ungleich schwieriger als man vermuten sollte. Es ist in Wahrheit nämlich ein Neuschreiben. Die Dissertation ist nichts, was man aus Einzelergebnissen zusammenschustern könnte. Es muss nicht alles hinein, was Sie die letzten Jahre umgetrieben hat. Es muss in sich abgeschlossen sein, und was nicht hineinpasst, sollte außen vor bleiben.

Wenn Sie an dem Punkt sind, an dem Sie die Frage „Was soll denn eigentlich rein in die Arbeit?" nicht mehr nur mit „Ähm –

äh ...“ beantworten, sondern zu zwei, drei Kapiteln, Vorwort und Einleitung ausgenommen, bereits Überschriften wissen: Dann ist es Zeit, ans Aufschreiben zu denken.

## 9.3 Verständlich schreiben!

Die Verständlichkeit eines Textes lässt sich an vier Kriterien messen:

1. Einfachheit: Sind die Sätze kurz und übersichtlich? Sind verständliche Wörter gewählt worden? Sind die Gedanken eingängig geschildert?
2. Prägnanz: Wird das Wesentliche deutlich, oder hält sich der Text an Unwichtigem auf? Wird klar, worauf die Autorin hinauswill, oder wirkt das Ganze verschwommen und unklar?
3. Struktur: Ist der Aufbau der Arbeit klar, oder springt die Autorin von Thema zu Thema?
4. Leseanreize: Weckt der Text Interesse und Lust am Weiterlesen, oder ist er trocken und langweilig?

Diese Kriterien gelten auch für wissenschaftliche Texte, was relativ zum Leserkreis zu sehen ist. So wie Sie an ein Luxushotel andere Ansprüche stellen als an eine Jugendherberge, erwarten Sie von einer wissenschaftlichen Arbeit etwas anderes als von einem Artikel in der BILD-Zeitung. Wer fachlich dazu qualifiziert ist, Ihre Arbeit zu lesen, dem sollten keine weiteren Hindernisse in den Weg gelegt werden, und Ihre Arbeit wird unter anderem an ihrer Verständlichkeit gemessen und bewertet werden. Hindernisse sind zum Beispiel schlecht oder gar nicht erklärte Begriffe, eine undurchsichtige Struktur oder verworrene Sätze. Und wenn Ihre Werbung für Ihr Produkt auch etwas dezenter ist als die Schlagzeilen der Boulevardpresse, so müssen Sie doch auch Ihre Leser am Ball halten. Denken Sie ruhig in Termen wie „Kundenorientierung“, wenn Sie eine Übersicht über Ihre Arbeit geben, eine Einführung in das Thema schreiben, Grafiken anfertigen, ein Stichwortverzeichnis anlegen und die Anwendbarkeit Ihrer Ergebnisse herausstreichen.

Würden Sie zum Beispiel in diesem Text gern weiterlesen?

> *So scheint es, dass heute die heroische Phase der Erkenntnistheorie in ihr Endstadium getreten ist und man sich angesichts des imponierenden Aufwands an begriffsanalytischer Sagazität und transzendentalphilosophischer Begründung fragt, was mit all den vielen epistemologischen Anläufen, Entwürfen und Systemen… für die reale Praxis des Erkenntnisprozesses in Alltag und Wissenschaft gewonnen wurde. Statt Hoffnungen in die wie auch immer geartete Applizierbarkeit von erkenntnistheoretischen Modellen zu setzen, dürfte als metatheoretischer Diskurs gegenwärtig mehr eine mentalitätshistorische Analyse dessen indiziert sein, welche eher unreflektierten Aussagen in der jeweiligen noetischen Programmatik über die Rolle des Bewußtseins im interaktiven Prozeß getroffen und welche den Status des Subjekts berührenden sozialen Probleme dabei mittelbar abgehandelt wurden. (N. Schneider, Erkenntnistheorie im 20. Jahrhundert, 1998)*

Warum ist es so schwer ist, diesen Zeilen zu folgen? Die Sätze sind lang und es wimmelt in ihnen von monströsen Fachbegriffen und Fremdwörtern. Die Frage ist: *Muss* man so schreiben, um fachwissenschaftlich anerkannt zu werden? Diskutieren Sie das doch einmal im Doktorandenseminar! Achten Sie darauf, welche Texte Sie zu Rate ziehen, wenn Sie etwas wissen wollen, welche Ihrer Bücher am zerlesensten sind und welche Sie als „neuwertig“ weiterverkaufen könnten.

Anschauliches Schreiben ist keine Hexerei. Verständnisfördernd sind Abbildungen, Beispiele und Vergleiche. Ein Beispiel: Formale Logik ist sicher nicht gerade das, was lebhaftes Publikumsinteresse auf sich zieht, aber macht dieser Abschnitt nicht doch neugierig:

*Wie das Wort „schön" der Ästhetik und „gut" der Ethik, so weist „wahr" der Logik die Richtung. Zwar haben alle Wissenschaften Wahrheit als Ziel; aber die Logik beschäftigt sich noch in ganz anderer Weise mit ihr. Sie verhält sich zur Wahrheit etwa so wie die Physik zur Schwere oder zur Wärme. Wahrheiten zu entdecken, ist Aufgabe aller Wissenschaften: der Logik kommt es zu, die Gesetze des Wahrseins zu erkennen.*

*G. Frege, "Der Gedanke – eine logische Untersuchung" (1918)*

Die Rechtswissenschaft ist vor allem auch Sprache, sagt der Jurist Uwe Wesel. Alle Wissenschaften haben ihre eigene Fachsprache, aber selbst Juristen, deren Kauderwelsch sprichwörtlich ist, können sich, wie Wesel beweist, einfach und klar ausdrücken:

*Gibt es also geistiges Eigentum? Für Juristen ist das keine Frage. Wir haben Gesetze. Das Eigentum an Sachen ist im BGB geregelt, geistiges Eigentum im Urheberrecht.*

*Uwe Wesel in „Fast alles, was Recht ist. Jura für Nicht-Juristen" Piper, München, 2004*

Solche extrem kurzen Sätze („staccato") sind für das Verständnis wunderbar, aber auf die Dauer wirken sie etwas atemlos. Sprachgefühl entwickeln heißt, das Gleichgewicht finden zwischen der gebotenen Verständlichkeit, der notwendigen Komplexität und einer gefälligen Lesbarkeit.

## 9.4 Ich – man – wir – oder was?

Andere Fragen beim wissenschaftlichen Schreiben sind ganz profan: Wer ist eigentlich „wir“? Wo bleibe eigentlich „ich“? Generell gilt:

- „Ich“ ist der Autor bzw. die Autorin persönlich. Also „Ich danke meinem Betreuer Professor Schlau für die intensive Betreuung“, aber nicht „Ich habe im letzten Kapitel bewiesen, dass...“ (besser: „Im letzten Kapitel wurde bewiesen...“ oder „Wir haben im letzten Kapitel gesehen...“).
- „Wir“ sind Autor und Leser – gemeinsam. Diese Form des „wir“ wird als „Pluralis modestiae“ oder „Plural der Bescheidenheit“ bezeichnet (im Gegensatz zum „Pluralis majestatis“). Also „Wir betrachten ein gleichseitiges Dreieck...“, aber nicht „Wir finden, dass diese Dissertation das Beste ist, was auf diesem spannenden Gebiet in den letzten 50 Jahren geschrieben wurde“ oder „Wir stehen auf dem Standpunkt, dass...“ Vorsichtig umgehen sollten Sie mit Vereinnahmungen wie „Wir wollen diesen komplizierten Beweis jetzt näher erläutern...“ „Wir“ sind fallweise auch mehrere Autoren – wie in diesem Buch.
- „Man“ ist nicht besonders schön. Benutzen Sie es nicht über längere Strecken, sondern nur dort, wo es sich nicht vermeiden lässt. Sie können es oft durch das freundlicher klingende „wir“ ersetzen, aber auch hier variiert der Sprachgebrauch.
- Eine andere „unpersönliche“ Ausdrucksweise sind Passivkonstruktionen („der Algorithmus wurde implementiert“), aber auch diese können auf die Dauer gekünstelt und steif wirken. Passivkonstruktionen sind generell angeraten, wenn Urheber (etwa die beiden Diplomandinnen, die den Algorithmus implementiert haben) nicht von weiterem Interesse oder nicht bekannt sind.

- Man kann auch weitestgehend ohne Ich/Man/Wir auskommen mit Wendungen wie „Es zeigt sich, dass…“ oder „Es ist zweifelhaft, ob…“ oder „Daraus lassen sich folgende Schlussfolgerungen ziehen…“

So wie Sie nicht von „unserem Standpunkt“ reden sollten, wenn es um Ihre persönliche Meinung geht, sollten Sie auch nicht vom „Standpunkt der Literatur“ sprechen, denn mit der *opinio communis* scheren Sie alle anderen über einen Kamm. Meiden Sie die Verwendung von „meines Erachtens“ oder „meiner Meinung nach“ in einer Arbeit, die Sie selbst produziert haben. Es ist klar, dass alles, was Sie nicht als Zitat gekennzeichnet haben, Ihrer eigenen Überzeugung entspricht.

Die Ich/Man/Wir-Problematik wirft ein bezeichnendes Licht auf die Schwierigkeit, sich selbst als Individuum aus der Niederschrift der eigenen (!) Forschungsarbeiten herauszuhalten.

## 9.5 Kleine Stilkunde

*Wer's nicht einfach und klar sagen kann, der soll schweigen und weiterarbeiten, bis er's sagen kann.*

*Karl Popper*

Wissenschaftliches Schreiben zeichnet sich zwar dadurch aus, dass ein „persönlicher“ Stil wie bei Romanschriftstellern nicht gefragt ist, aber das bedeutet nicht, dass Sie nicht an Ihrem Sprachgebrauch arbeiten sollten. Dazu ein paar Tipps:

- Vermitteln Sie Hauptsachen in Hauptsätzen und verschachteln Sie Ihre Sätze, denn, wenn Sie so etwas, möglicherweise sogar in mehreren Stufen, tun, erzeugen Sie einen falschen

Zwischensinn, Verwirrung und Ärger, so wenig wie möglich. Oder haben Sie den letzten Satz gemocht?

- Im allgemeinen sollten Sie eigentlich jedes überflüssige Füllwort früher oder später energisch wegstreichen. Das können Sie am vorangehenden Satz üben.
- Treiben Sie keine Verwirrspiele mit Synonymen, schon gar nicht bei Fachbegriffen. Verwenden Sie im Zweifelsfall lieber eine stilistisch nicht ganz perfekte Wiederholung. Wiederholungen sind durchaus gestattet, wenn sie das Ohr beim Vorlesen nicht stören.
- Machen Sie den Hörtest, das heißt, lesen Sie Ihre Texte laut, auch wenn Ihnen das am Anfang albern vorkommt. Auf diese Weise offenbaren sich holprige Sätze, unfreiwillige Komik und missverständliche Ausdrücke. Es ist eine gute Vorübung für einen Vortrag – vor allem bei englischen Texten. Achten Sie auch darauf, an welchen Stellen Sie beim Lesen Luft holen! Geraten Sie dabei ins Japsen, sind die Sätze schlecht strukturiert oder zu lang. Sie sind auf diese Weise auch gezwungen, den Text noch einmal im Zusammenhang durchzulesen (wichtig vor allem, wenn viel „copy and paste" angewendet wurde) und finden mit Sicherheit noch letzte Tippfehler!
- Apropos unfreiwillige Komik: In wissenschaftlichen Texten muss man achtgeben mit Wörtern wie drohen, fürchten, nur, bereits, immerhin usw. Sie drücken eine mitunter ungewollte Wertung aus („diese Verknüpfung ist leider nicht assoziativ"). „Bedauern Sie nie die Wahrheit!" empfahl ein Mathematikprofessor. Es klingt zwar skurril, aber im richtigen Zusammenhang stimmt es.
- Vermeiden Sie, vor allem am Anfang Ihrer Laufbahn, kühne Rhetorik, saloppe Formulierungen, „Witzchen" und ähnliche Extravaganz. Umgangssprache und mundartliche Ausdrücke

haben in wissenschaftlichen Texten nichts verloren. Bleiben Sie kühl und sachlich, ohne sich dabei zu verleugnen. Übernehmen Sie keinesfalls elegant klingende Leerphrasen, die Sie irgendwo gelesen haben. Das geht mit Sicherheit schief.
- Guter Stil färbt ab. Sie kennen sicher ein Lehrbuch oder eine andere Arbeit, die Ihnen so richtig gut gefällt, und die möglicherweise sogar von einer Koryphäe Ihres Fachs stammt. Blättern Sie immer mal wieder darin! Nehmen Sie sich nicht vor, den Stil nachzuahmen, aber lassen Sie sich inspirieren.

### 9.5.1 Klar gliedern und zusammenfassen

„Redundant" ist nicht dasselbe wie „überflüssig" – Information, die wiederholt wird, dient der Absicherung, dass auch wirklich alles angekommen ist. Ein amerikanischer Prediger vertrat das folgende Erfolgsrezept: „Erst sage ich den Leuten, was ich ihnen sagen werde. Dann sage ich es ihnen. Dann sage ich ihnen, was ich ihnen gerade gesagt habe." Diese Dreiteilung entspricht ziemlich genau einem wissenschaftlichen Fachartikel: Es gibt eine Einleitung, in der gesagt wird, worum es geht und was zu erwarten ist, einen Hauptteil, in dem die Argumentation entwickelt wird und eine Zusammenfassung, in der die Hauptpunkte noch einmal aufgeführt sind und auf zukünftige Forschung verwiesen wird. Und zusätzlich gibt es auch noch ein „Abstract", das den Beitrag zusammenfasst und einordnet. Bei einer großen Arbeit wie der Dissertation ist diese Aufteilung erst recht grundlegend. Einen Abstract brauchen Sie spätestens, wenn Sie zur Prüfung antreten und wenn Ihre Arbeit verlegt wird; auch wenn Sie, etwa im Bewerbungsgespräch, nach Ihrer Forschung gefragt werden, werden Sie darauf zurückgreifen. Bemühen Sie sich frühzeitig darum, das Thema und die Ergebnisse Ihrer Arbeit in wenige, verständliche Sätze zu fassen.

## 9.6 Schreibblockaden abbauen

Eine Schreibblockade haben Sie, wenn Ihnen das leere Blatt und der leere Bildschirm Angst, Ohnmachtsgefühle und Lähmung einflößen. Sie fangen einen Satz an – er klingt scheußlich. Gedanken wie „hoffentlich merkt keiner, wie dumm ich mich anstelle“ drängen sich auf. Ein Segen, wenn in einem solchen Moment das Telefon klingelt oder Ihnen einfällt, dass Sie ja noch ganz dringend etwas besorgen müssen. Aber die Ablenkungsmanöver, die Sie ja selbst durchschauen, führen nur dazu, dass Sie sich später noch schlechter fühlen. Schnell kann ein Teufelskreis daraus entstehen.

Wer schreibt, muss mit diesen Blockaden immer rechnen. Sie kennen das sicher, wenn Sie einen Brief schreiben wollen und nicht wissen, wie Sie anfangen sollen oder beim Schreiben steckenbleiben. Bei Ihrer Dissertation nehmen diese Schwierigkeiten schnell bedrohliche Gestalt an. Aber Sie können Strategien entwickeln, um sich davon nicht demoralisieren zu lassen. Der erste Schritt ist hier, wie sonst auch, die Erkenntnis, was eigentlich mit Ihnen los ist. Wenn Sie Ihre Schwierigkeiten benennen können, liegen sie nicht mehr so schwer auf der Seele. Versuchen Sie es mit folgenden Tipps:

- Notieren Sie die *unangenehmen Gefühle*, die Sie beim Schreiben haben! Das unangenehmste Gefühl zuerst! Überlegen Sie, ob diese Gefühle mit irgendwelchen Lebenserfahrungen zusammenhängen könnten (etwa einer verletzenden Kritik durch Eltern oder Lehrer). Der Sinn dabei ist, statt dem Ausweichen vor unangenehmen Gefühlen, die zu den genannten Ablenkungsmanövern führen, das Problem zu erkennen – und das ist bekanntlich der erste Schritt zur Lösung.
- Erinnern Sie sich an Erfahrungen im Deutschunterricht, positive und negative. Schildern Sie sie in einem kurzen Text

oder einem Brief. Vielleicht können Sie darüber lachen und alles etwas lockerer sehen.

- Versuchen Sie sich an kleinen Aufgaben. Lesen Sie einen Text, und geben Sie ihn mit Ihren eigenen Worten wieder. Versuchen Sie auch einmal, einen wissenschaftlichen Text in Alltagssprache umzuformulieren.
- Erleichtern Sie sich den kalten Start am Morgen, indem Sie am Abend mitten im Satz aufhören. Dann finden Sie einen schnellen Einstieg. Wenn Sie ein neues Kapitel anfangen wollen, schreiben Sie abends wenigstens schon ein paar Sätze dazu, damit Sie sich am nächsten Morgen schneller zurecht finden.
- Experimentieren Sie! Schreiben Sie unter Pseudonym; schreiben Sie einen populären Artikel; schreiben Sie mit bunten Stiften; malen Sie Ihre Gedanken; machen Sie ein Plakat. All das kann Schreibblockaden lösen.
- Wenn Sie das Gefühl haben, Sie kommen nicht vorwärts: Legen Sie Ihre Arbeit auf die Couch! Schreiben Sie einen Text, der mit den Worten „Ich bin die Doktorarbeit von…“ beginnt. Wo klemmt es, warum ist Ihre Arbeit nicht glücklich? Was wünscht sie sich von ihrem Autor/ihrer Autorin? Sie werden sehen, dass das sehr befreiend wirken kann.

Kostprobe für den letzten Tipp:

> Ich bin das Buch von Barbara und Klaus-Peter. Vielmehr, ich will es werden. Wie gerne würde ich mich mal in einigen Verlagen umsehen, aber sie lassen mich ja nicht. Barbara findet, ich pubertiere noch. Die ist lustig. Kann ich denn was dafür, dass sie mich wochenlang nicht beachtet? Diese Formulierungen – grauenhaft, was die mir so antun. Und ohne die Rechtschreibhilfe des Textverarbeitungsprogramms wäre ich wahrscheinlich schon völlig verhunzt. Als Rache habe ich Barbaras PC lahmgelegt. Die hat geflucht! Noch nicht einmal

einen Namen habe ich. Der PC nennt mich „Promo" oder „Promo.doc". Ob meinen Autoren noch was besseres einfällt?

## 9.7 Die Wirkung Ihrer Sätze

Gerade die mathematisch und technisch Begabten tun sich oft schwer mit dem Schreiben. Vielleicht steht im Geiste noch der meckernde Deutschlehrer hinter ihnen, den sie noch nie leiden konnten. Aber schlecht gegliederte Texte, Wurmsätze und holprige Formulierungen verärgern die Leser – auch wenn die Inhalte gut sind. Orthographie und Kommaregeln sind in der Fachsprache ohne Einschränkung gültig. Disqualifizieren Sie sich nicht durch mangelhafte Kenntnisse der deutschen Sprache, gehen Sie von Anfang an sorgfältig mit ihr um. Wer sonst nichts von Ihrer Arbeit versteht, wird sie nach solchen „Äußerlichkeiten" bewerten! Für Zweifelsfälle gibt es Nachschlagewerke. Unterschätzen Sie keinesfalls die Wirkung Ihrer Sätze, auch nicht, wenn diese nur Verbindungsstücke für die Formeln sind, im Gegenteil, gerade dann sind Ihre Leser für ein paar freundliche Worte besonders dankbar. An Vorwort und Schlussbemerkungen müssen Sie sehr sorgfältig feilen, denn daran orientieren sich Ihre Leser und entscheiden, ob sie noch mehr von Ihrer Arbeit lesen. Und wenn sie Ihre Arbeit lesen *müssen*, sorgt ein gutes Vorwort für eine wohlwollende Grundstimmung.

Verderben Sie sich nicht dieses Wohlwollen, indem Sie Ihre Leser dann auf Seite 10 „abhängen"; in dieser Hinsicht gilt dasselbe wie bei Vorträgen: Was würden Sie gern lesen? Welche Art zu schreiben verstehen Sie gut? Eine sorgfältige und verständliche Einordnung und Motivation sollte sich von selbst verstehen. Natürlich kann man nicht jedes technische Detail von Grund auf erklären, aber der rote Faden sollte immer sichtbar sein. Hilfreich sind hier auch wieder die fünf W-Fragen aus Kapitel 4.

Manche Wissenschaftler neigen zu einem etwas bürokratischen, umständlichen Stil, weil sie meinen, dass sie nur so „seriös“ wirken. Aber jeder ärgert sich, wenn er schwer verdauliche Texte selbst lesen soll. Und wir fühlen uns automatisch zu den Arbeiten mehr hingezogen, die sich „von selbst“ lesen.

Wenn es Ihnen schwer fällt, einen Sachverhalt in einfachen Worten zu erklären, überlegen Sie kritisch, ob Sie vielleicht doch noch Verständnislücken haben. Wirklich gute Ideen zeichnen sich durch ihre Schlichtheit und Klarheit aus.

Bei überwiegend technischen Arbeiten ist es für die Leser mühselig genug, Formeln und Beweise zu verstehen. Man sollte sie nicht auch noch mit Schachtelsätzen strapazieren und mit Worthülsen langweilen. Hat man in einer ersten Version lange, umständliche Sätze niedergeschrieben, sollte man im zweiten Durchgang versuchen, diese zu entrümpeln. Jedes Wort, das entbehrlich ist, gehört gestrichen. Sogenannte Modewörter – jede Disziplin hat ihre eigenen – sollten einer kritischen Prüfung unterzogen werden. Was nicht in einen Satz passt, verteilt man besser auf zwei. Diese Prozedur kann man in [Schneider 04] nachlesen.

## 9.8 Englische Texte

Was ist beim Abfassen *englischer Texte* zu beachten? Das ist am Anfang besonders schwierig, wenn man nicht gerade Muttersprachler ist. Haben Sie schon ein Vokabelheft? Dort können Sie auch griffige Formulierungen eintragen, die Sie in englischsprachlichen Publikationen gefunden haben (bei „native speakern“!). Verwenden Sie ruhig ein schlichtes Englisch, machen Sie Gebrauch von der Rechtschreibhilfe Ihres Textverarbeitungsprogramms und suchen Sie sich einen kompetenten Testleser. Es gibt auch Leute, die so etwas professionell machen; für einen Zeitschriftenartikel lohnt sich der finanzielle Aufwand dann sicher. Bei solchen lernt man auch Dinge wie die strenge Vorschrift, dass ein englischer Satz immer mit einem *Wort* anfangen muss (also nicht mit einer Formel oder einer Zahl). Wenn man Glück hat, bekommt man von seinen Gutachtern sogar sprachliche Verbesserungsvorschläge; aber man kann auch Pech haben, und es wird nur allgemein schlechtes Englisch angemahnt. Wenn Ihnen eine wissenschaftliche Laufbahn vorschwebt (und nicht nur dann), sind gute Englischkenntnisse unerlässlich, Auslandsaufenthalte also schon aus diesem Grund zu empfehlen.

Gerade auch in der Fachsprache gibt es viele Unterschiede zwischen englischen und amerikanischen Schreibweisen und Bräuchen. Wenn Sie die Literatur aufmerksam studieren, wird Ihnen das schon aufgefallen sein. Manche Textverarbeitungssysteme unterscheiden zwischen britischem und amerikanischem Englisch. Versuchen Sie, sich auf das eine oder das andere festzulegen.

Ansonsten: Nur Mut! An das Lesen wie an das Schreiben englischer Texte gewöhnt man sich.

## 9.9 Publish or perish?

Veröffentliche oder verschwinde: Mit diesem Schlagwort wird das weit verbreitete Bestreben kritisiert, möglichst schnell möglichst viel zu publizieren, um es rasch zu Ansehen und finanzieller Förderung zu bringen, wobei der wissenschaftliche Fortschritt viel geringer ist als die Publikationsliste vermuten lässt. Auch als Doktorand unterliegen Sie den Zwängen dieser Praxis und suchen vielleicht schon nach einer LPU, der „least publishable unit", einer Erkenntnis, die klein sein mag, jedoch zu einer Veröffentlichung reicht. Ihr Chef sähe es vielleicht gern, und Sie möchten auch endlich offiziell als Wissenschaftler anerkannt werden.

Nun, dass manche Leute ein- und dasselbe Ergebnis x-mal vermarkten, ist nicht Ihr primäres Problem. So ein „Paper" ist eine gute Übung zum Überwinden von Schreibproblemen. Das gilt inhaltlich, da auch jedes Paper Problem, Lösung und Bewertung enthalten sollte. Und es gilt formal, denn auch hier geht es darum, die eigenen Arbeiten korrekt und doch verständlich darzustellen. Dafür sind Workshops, Tagungen und Fachzeitschriften da.

Zur wissenschaftlichen Selbstkontrolle gehört es, dass Arbeiten, die veröffentlicht werden sollen, vorher kritisch diskutiert werden. Programmkomitees und Herausgeber suchen dafür Gutachter, die zum einen fachlich kompetent, zum anderen aber auch möglichst unvoreingenommen sind. Das heißt, sie dürfen weder zu Ihrer Forschungsgruppe noch zu erklärten Gegnern der Forschungsrichtung gehören. Um Vorurteile zu vermeiden, werden manche Arbeiten anonym begutachtet, das heißt, der Gutachter erfährt Ihren Namen nicht.

Ein Paper einzureichen ist auch eine gute Gelegenheit, Rückmeldung zu den eigenen Arbeiten zu bekommen, gerade auch am Anfang, wenn man vielleicht noch nicht recht weiß, was das Thema, das einen interessiert, hergibt. Dafür muss man sich, zumal am Anfang seiner Karriere, aber erst einen Ruck geben, sich erst mal trauen. Vielleicht haben Sie das Gefühl, dass Sie (noch) nichts zu sagen zu haben. Sicher hat es wenig Sinn, völlig unausgegorene Gedanken auf den Markt zu werfen. Aber wenn Sie eine Idee haben, sollten Sie versuchen, sie auch zu formulieren. Oft kommt dann schon mehr zusammen, als Sie ahnen.

Beachten Sie die folgenden Punkte:

- Workshops sind ein guter Einstieg, da hier auch laufende Forschungsarbeiten vorgestellt werden. Es gibt jedoch Workshops mit strikter Teilnehmerbeschränkung, dann kann es mitunter schwieriger werden, mit dem eigenen Beitrag zu

„landen". Konferenzen und Tagungen sind allgemeiner und größer und bieten die Chance, wichtige Personen zu treffen.

- Suchen Sie sich die inhaltlich passende Veranstaltung bzw. Zeitschrift aus, statt nach dem Motto „die Menge macht's" Papers einzureichen. Hat Ihr Forschungsgegenstand nichts oder kaum etwas mit dem Thema der Konferenz oder der Zeitschrift zu tun, ist es wahrscheinlich, dass Sie Gutachten bekommen, die Sie nicht weiterbringen, weil die Gutachter in anderen Bereichen arbeiten. Außerdem läuft man natürlich Gefahr, abgelehnt zu werden, wenn der Beitrag nicht zur Konferenz passt. Und die Veranstaltung ist möglicherweise auch unergiebig für Sie – auch wenn es natürlich nicht schadet, einmal über den Tellerrand der eigenen Forschung hinauszublicken.
- Achten Sie auf die Termine und Vorgaben der Konferenz. Größere und gut organisierte Konferenzen haben strikte Deadlines, und außerdem ist es kein guter Stil, Papiere zu spät einzureichen. Ähnliches gilt für die Länge und das Format des Papers. Gerade einem Anfänger, den niemand kennt, wird man keine Extrawurst braten! Dafür ist die Zahl der eingereichten Beiträge meist auch zu groß.
- Bedenken Sie, dass die Gutachter meist nicht in demselben Spezialgebiet arbeiten wie Sie. Sie müssen eine Motivation und Einführung in Ihr Thema geben, auch wenn Ihnen das vielleicht überflüssig vorkommt. Vielleicht haben Sie sich am Anfang Ihres Studiums schon einmal geärgert, dass der Professor in der Vorlesung vieles als selbstverständlich voraussetzte, was Ihnen völlig unbekannt war. Machen Sie nicht denselben Fehler.
- Sie können in einer Publikation immer nur Teilaspekte Ihrer Arbeit darstellen. Überlegen Sie sorgfältig, was Sie ausführlich behandeln wollen und was nicht. Kleinigkeiten breitzutreten und dafür zentrale Beweise zu unterschlagen, macht sich nicht gut.

- Lesen Sie die Gutachten gründlich, besonders die ablehnenden. Dass ein Papier abgelehnt wird, kann viele Gründe haben. Mangelnde Qualität ist ein Grund, aber es kann auch sein, dass das Papier nicht zur Konferenz passt, dass nur 25% der eingereichten Papiere überhaupt akzeptiert werden konnten, oder dass man Pech mit den Gutachtern hatte. Nicht immer also ist eine Ablehnung ein Grund, traurig zu sein. Auch wirklich guten Wissenschaftlern werden Papiere abgelehnt.
- Negative Gutachten sollte man aber auch nicht mit dem Gedanken „der hat doch nichts verstanden“ ins Altpapier legen. Warum hat der Gutachter es nicht verstanden? Können Sie es nicht so schreiben, dass er es versteht? Haben Sie vielleicht sogar wichtige Schritte ausgelassen, die für das Verständnis zwingend gewesen wären? Oder ist Ihnen selbst noch etwas unklar?

Diese Ratschläge sind teilweise durch Negation der Hinweise von Mary-Claire van Leunen und Richard Lipton entstanden (www-mount.ee.umn.edu/~yue/FGS/rejection.html).

Ähnlich wie bei Vorträgen ist es sehr enttäuschend, wenn man sich sehr angestrengt hat, ein gutes Papier zu verfassen und dann nur einsilbige Kommentare bekommt. Für qualifizierte Kritik können Sie dankbar sein – immerhin hat sich jemand gründlich mit Ihrer Arbeit auseinandergesetzt. Wenn Sie selbst einmal ein Gutachten schreiben müssen, werden Sie sehen, wie viel Mühe das macht.

Wohl auch aus diesem Grund gibt es auch Konferenzen und Workshops, bei denen überhaupt nicht begutachtet, sondern nur ein Vortrag angemeldet wird.

An Zeitschriften sollten Sie nur ganz ausgereifte Beiträge senden, außerdem dauert die Begutachtung und die Veröffentlichung wesentlich länger. Wenn man nicht gerade mit seinem Chef oder seiner Forschungsgruppe zusammen schreibt, wird man einen Zeitschriftenartikel normalerweise erst in der Endphase der Promotion oder nachher in Angriff nehmen (eine Faustregel besagt, dass sich die Ergebnisse einer Dissertation zu einem Zeitschriftenartikel destillieren lassen sollten).

Ach ja, der Chef! Manche Professoren erwarten wie selbstverständlich, als Autor in den Artikeln ihrer Doktoranden und Mitarbeitern aufgenommen zu werden, auch wenn sie daran gar nicht mitgearbeitet haben. Eine zweifelhafte Sache. Einerseits: Sie können sich schwer dagegen wehren, und zumindest am Anfang ist es ganz gut, sich die Verantwortung zu teilen. Ein gewisses Mitwirken können Sie Ihrem Professor meist auch nicht absprechen. Wenn Ihr Betreuer in der Fachwelt einigermaßen bekannt ist, erhöht sein Name die Chance, akzeptiert zu werden. Ist Ihr Betreuer berühmt, ist es eine Ehre, mit ihm zusammen zu publizieren (in dem Fall sind Sie ohnehin fein heraus).

Andererseits – wenn Sie weitgehend selbständig forschen oder zusammen mit einer fortgeschrittenen Kollegin schreiben, kann es schon ein bisschen ärgerlich sein, wenn der Professor sich einfach „mit draufschreibt“. Das ist die sowohl gängige als auch hinlänglich bekannte Methode der Professoren, zu einer langen Publikationsliste zu kommen. Der Standpunkt der Deutschen Forschungsgesellschaft zu diesem Punkt ist jedoch eindeutig:

*Autorinnen und Autoren wissenschaftlicher Veröffentlichungen tragen die Verantwortung für deren Inhalt stets gemeinsam. Eine sogenannte „Ehrenautorschaft“ ist ausgeschlossen.*

*Empfehlungen der DFG-Kommission “Selbstkontrolle in der Wissenschaft“, Januar 1998.*

Nehmen Sie Ihren Professor ins „Acknowledgement" (Danksagung) auf, das gehört zum guten Ton, ist (hoffentlich!) gerechtfertigt und tut dem Ego Ihres Betreuers gut.

In manchen Bereichen ist es nicht üblich, vor Abschluss der Dissertation überhaupt zu veröffentlichen. Hintergrund ist der Anspruch, dass in einer Dissertation nur Resultate enthalten sein dürfen, die vorher nicht publiziert wurden. Wie die Gepflogenheiten in Ihrem Fall sind, müssen Sie erfragen. In der Informatik beispielsweise ist es durchaus üblich (manchmal sogar obligatorisch), schon während der Promotionszeit zu publizieren, um die Arbeit in den Fachkreisen abzusichern.

Können Ihre Forschungsergebnisse gestohlen werden, wenn Sie sie veröffentlichen? Es wäre schließlich denkbar, dass jemand Ihre Ideen aufgreift und genau das als eigene Ergebnisse verkauft, was Sie in Ihrer Dissertation schreiben wollten. Etwas derartiges ist uns nicht bekannt und erscheint uns eher konstruiert. Wahrscheinlicher ist, dass sich aus Ihrer Veröffentlichung oder Ihrem Tagungsbesuch eine Zusammenarbeit ergibt, von der beide Seiten profitieren. Durch eine Veröffentlichung sichern Sie sich außerdem die Urheberschaft Ihrer Ideen. Es sei denn, Sie haben selber geklaut.

Stichwort Urheberschaft: Vergessen Sie nicht, Ihre Publikationen, insbesondere auch Ihre Dissertation (wenn sie in Buchform erscheint) der „Verwertungsgesellschaft Wort" zu melden. Das ist die „GEMA für's Schriftliche". Sie nehmen dann an der Autorenausschüttung teil, mit anderen Worten: Sie bekommen Geld. Infos und Adresse unter www.vgwort.de.

## 9.10 Wer verlegt meine Diss?

Die Promotionsordnungen sehen hier verschiedene Möglichkeiten vor: Sie können eine bestimmte Anzahl von Pflichtexemplaren der Fakultät abliefern, die Sie selbst in Eigenregie anfertigen (lassen). Die Anzahl der Pflichtexemplare reduziert sich erheblich, wenn Ihre Dissertation als Buch mit einer ISBN-Nummer gedruckt wird. Daneben gibt es auch noch die Möglichkeit, die Dissertation online oder auch als Mikrofiche zu veröffentlichen oder als „Book on demand" anzubieten.

Wie Sie es machen, ist eine Geld- und auch eine Prestigefrage. Vielleicht ist es in Ihrem Fachgebiet üblich, in einem bestimmten Verlag zu veröffentlichen. Manchmal gibt es dafür eine Art Numerus Clausus: Ihre Arbeit muss mit „Sehr gut" bewertet worden sein. Ihre Dissertation erscheint dann als Teil einer Reihe und wird vom Verlag in den einschlägigen Publikationen beworben. Das ist natürlich ganz etwas anderes als die gesichtslosen Exemplare aus dem Copyshop, auch wenn die Kosten etwas höher liegen (kalkulieren Sie EUR 350–500). Honorar bekommen Sie mangels Auflage eher nicht, aber die Ausschüttungssumme der VG Wort ist der hohen Seitenzahlen wegen recht ordentlich.

Auch beim „Book on Demand" müssen Sie eine Kostenbeteiligung leisten. Ein auf diesem Weg erhältliches Buch wird erst dann gedruckt, wenn jemand es auch wirklich kaufen will. Für eine ISBN-Nummer und die Aufnahme ins Verzeichnis lieferbarer Bücher (VLB) müssen Sie allerdings extra zahlen. Auch verschiedene andere Verlage haben sich auf den Druck von Dissertationen spezialisiert (z.B. www.dissertation.de). Seien Sie jedoch skeptisch und vergleichen Sie die Preise, besonders wenn Sie mit weniger renommierten Verlagen arbeiten.

Vielleicht ermöglicht Ihre Promotionsordnung auch eine Online-Veröffentlichung. Höhere Transparenz und leichtere Verfügbarkeit wissenschaftlicher Arbeiten sind der Vorteil, und der Trend geht eindeutig in Richtung „elektronisches Publizieren". Die Deutsche Bibliothek in Frankfurt, die von jeder Dissertation ein Pflichtexemplar archiviert, nimmt seit einigen Jahren auch Dissertationen in elektronischer Form an (www.dissonline.de).

Womöglich werden Dissertationen in Zukunft auch interaktive Komponenten enthalten. Hier wird sich in den nächsten Jahren noch vieles tun, bis sich verbindliche Standards eingebürgert haben. Wie bei anderen Medien führen aber die alten und die neuen Formen eine Koexistenz: Ein Buch, das einen Ehrenplatz im Regal Ihrer Oma bekommt, ist so schnell nicht durch das Kürzel www.meinediss.de zu ersetzen.

## 9.11 Textverarbeitung am Computer

Eine umfangreiche Arbeit wie eine Dissertation erfordert die sorgfältige Auswahl eines Textverarbeitungsprogramms. Da es zeitraubend ist, eine Arbeit von ein System ins andere zu transportieren, ist es das Klügste, sich gleich zu Anfang festzulegen.

Die verschiedenen Programme haben unterschiedliche Philosophien. Wenn Sie schon mit mehreren Systemen gearbeitet haben, wissen Sie, wie mühsam es ist, sich von dem einen in das andere System hineinzudenken, ob Sie jetzt von Windows nach UNIX umsteigen oder vom PC auf den „Mac“. Das heißt nicht, dass das eine besser ist als das andere, sondern in erster Linie nur, dass es eben *anders* ist. Und wenn Sie zehn Leute fragen, die auskennen, bekommen Sie zehn verschiedene Empfehlungen. Das ist so ähnlich wie auf dem Automarkt. Lassen Sie sich nicht verwirren. Wenn Ihnen jemand etwas als das non-plus-ultra anpreist, sollten Sie ebenso misstrauisch werden wie wenn Ihnen jemand eine idiotensichere Aktie verkaufen will.

- Viele Leute in technischen Disziplinen schwören auf LaTeX, andere sagen dazu abfällig „maschinennahe Programmiersprache“, weil heutzutage eigentlich „WYSIWYG“ der Standard ist („What you see is what you get“ – was Sie auf dem Bildschirm sehen, ist das, was auch ausgedruckt wird). Es kommt natürlich darauf an, was man schreiben will. Die Stärke an LaTeX ist der Mathematikmodus, und darin ist dieses Programm wohl wirklich unschlagbar. Denn in den gewöhnlichen Textverarbeitungsprogrammen sehen die eingefügten Formeln doch immer ein wenig unprofessionell aus. Auch die Länge einer Arbeit macht vielen Programmen zu schaffen – LaTeX nicht (weshalb eingeschworene LaTeX-Nutzer ihr Programm für alle Textanwendungen empfehlen). Dass LaTeX aber überhaupt nicht kompliziert sei, wie manche behaupten, darüber darf gestritten werden. Das beginnt schon bei der Installation, und schließlich muss man sehr viele Befehle lernen. Auch der Umgang mit Grafiken ist nicht gerade komfortabel. Die Vorteile von LaTeX sind die Portabilität und die weite Verbreitung (es gibt auch Versionen für den PC). LaTeX kostet nichts und wird ständig verbessert und erweitert, auch in puncto Komfort. Am besten fragen Sie einen erfahrenen Anwender (www.dante.de ist der Treffpunkt der deutschen LaTeX-Benutzer).

- Programme wie Word, WordPerfect oder FrameMaker sind einfacher zu bedienen, und sie haben inzwischen sehr viele hilfreiche und raffinierte Funktionen und natürlich kann man mit ihnen auch Formeln erstellen. Word ist sehr gängig, was bei Publikationen und Zusammenarbeit praktisch ist. Bei jedem System offenbaren sich erfahrungsgemäß irgend welche Tücken.
- Vieles bei Textverarbeitungssystemen ist schlicht Gewohnheit. Hören Sie sich am besten auch ein wenig unter den Kollegen um, bevor Sie sich entscheiden. Vielleicht ist aber auch die Auswahl gar nicht so wichtig, sondern vielmehr, dass man sich mit seinem Programm wirklich auskennt. Sie müssen nicht *alle* Funktionen kennen, doch mit Indexmarken, Zeichen- und Absatzformaten, Absatz- und Seitennummerierung, Verzeichnissen und Abbildungen sollten Sie schon umgehen können. Aber zugegeben: Es hat wohl kaum je-

mand die Geduld, vor der ersten Zeile stundenlang dicke, unerfreuliche Bedienungsanleitungen zu lesen.

Vermeiden Sie zu viele Schnörkel und Raffinessen im Text. Gestalten Sie ihre Arbeit übersichtlich, aber schmucklos. Benutzen Sie gängige Schriftarten und -größen (etwa Times, 12pt). Diese lassen sich am besten lesen. Bei einem Paper für eine Konferenz sollte man sich vorher über die gewünschten Formate informieren. Viele Konferenzen geben diese Rahmenbedingungen explizit im „Call for Papers“ an; daran sollte man sich halten. Umformatieren kostet wieder Zeit.

## 9.12 Tipps für die Arbeit mit dem Rechner

Es ist erstaunlich, wie viele Wissenschaftler das Zehnfingersystem nicht beherrschen. Sie verhalten sich ein bisschen wie der Holzfäller, der keine Zeit hat, seine Axt zu schärfen, weil er doch noch so viele Bäume zu fällen hat. Sie schreiben viel schneller und machen viel weniger Fehler, wenn Sie es richtig gelernt haben. Es gibt Selbstlernprogramme auf CD-ROM, die richtig Spaß machen und den sportlichen Ehrgeiz anregen. Sie sind dann auch in der Lage, eine ergonomische Tastatur zu benutzen, die sich der natürlichen Armhaltung anpasst. So können Sie auch eine Sehnenscheidenentzündung vermeiden, die langwierig zu kurieren ist und die man gerade in der Endphase der Promotion nicht gebrauchen kann (auch die Maus ist eine Gefahr – benutzen Sie eine Handballenauflage, das wirkt Wunder, und benutzen Sie möglichst viele Tastaturbefehle).

Ganz wichtig: Machen Sie regelmäßig (!!) Sicherheitskopien und nehmen Sie diese mit nach Hause. Der Strom kann ausfallen, es kann brennen, es kann eingebrochen werden. Wer in einem Netzwerk arbeitet, sollte sich vergewissern, dass der Systemverwalter regelmäßige Sicherungen vornimmt, so selbstverständlich ist das nicht. Sicherheitskopien können auch vor der eigenen Torheit schützen, weil man selbst in einem Moment geistiger Umnachtung den falschen Knopf gedrückt, ein Kapitel in blödsinniger Weise umstrukturiert oder mühselig verfertigte Teile ganz und gar „abgeschossen" hat. Am besten macht man auch regelmäßig Ausdrucke, eher einen zuviel als zuwenig. Eigene schmerzliche Erfahrungen (die Ausfälle passieren klassischerweise in der letzten, der „heißen" Phase) veranlassen uns, diesen Hinweis besonders zu betonen.

Vorsicht beim Umsteigen auf neue, angeblich verbesserte Versionen eines Textverarbeitungssystems. Je weiter die Arbeit fortgeschritten und je umfangreicher sie ist, desto gefährlicher. Diese neuen Versionen sind nicht immer fehlerfrei, bringen möglicherweise den Rechner zum Abstürzen und haben manchmal sogar Nachteile gegenüber der Vorgängerversion.

Das ist alles schon da gewesen! Insider raten nicht ohne Grund: „Never change a running system!"
Die Arbeit am Computer birgt noch mehr Gefahren. Ihr Rücken zum Beispiel nimmt es Ihnen buchstäblich krumm, wenn Sie sich Tag für Tag stundenlang vor dem Bildschirm zusammenfalten. Ihre Augen leiden, Ihre Arme, Hände und Schultern sind durch Tippen und Mausklicken gefährdet. Achten Sie auf einen ergonomischen Arbeitsplatz, auf die richtige Beleuchtung Ihrer Arbeitsumgebung und schaffen Sie einen sportlichen Ausgleich zu Ihrer Bürotätigkeit, bevor Rückenschmerzen und Sehnenscheidenentzündungen Sie lahm legen.

## 9.13 Die Perfektionsfalle

Sicher sind Sie ehrgeizig und wollen etwas besonderes leisten. Aber hüten Sie sich vor der Falle der Perfektion. Sie schnappt vorzugsweise zu Beginn und am Schluss des Schreibens zu. Manche Menschen sitzen hypnotisiert vor dem Blatt oder Bildschirm und bekommen keinen Satz zustande, denn alles, was ihnen in den Kopf kommt, klingt banal statt genial. Der Beginn des Schreibens ist eben auch eine Offenbarung: Ihre Sätze sind vielleicht nicht so wohlfeil, Ihre Ergebnisse (noch) nicht so klar, kurzum: Nichts ist perfekt. Ihre Arbeit stellt eben auch nur „State of the Art" dar, Verbesserungen sind grundsätzlich immer möglich. Achten Sie darauf, dass Ihr Bestreben, Außerordentliches zu leisten, Ihnen nicht zum Hemmschuh wird.

- Ähnliches gilt, wenn Sie Ihre Papers und vor allem Ihre Dissertation nicht aus der Hand geben wollen, weil Ihnen noch nicht so gefällt, was Sie geschrieben haben. Daran sind schon viele Promotionen gescheitert! Natürlich müssen Sie gründlich und selbstkritisch sein, aber überprüfen Sie Ihre Ansprüche und beschränken Sie sich auf das, was in der gegebenen Zeit machbar ist. Auch das Buch, das Sie gerade in den Händen halten, ist auf seine Weise unfertig – Sie könnten es sonst nicht lesen, weil zwei eifrige Autoren immer noch daran herumfeilten. Man muss sich sein Werk schlussendlich vom Herzen reißen – was den einen leichter und den anderen schwerer fällt.

*Une œvre d'art ne se termine jamais, elle n'est que abandonée.*

*Paul Valerie*

Frei übersetzt heißt dies: Eine Dissertation kann man nicht vollenden, nur abgeben.

Viele Leute, auch berühmte, mögen ihr Werk nicht mehr lesen, wenn es schon zur Veröffentlichung unterwegs ist. Sehen Sie es positiv: Ihre „Kopfgeburt" kann dann ungehindert ihr Eigenleben entfalten.

**Wollen Sie mehr wissen?** [Schneider 04] und [Kruse 00] empfehlen sich als Lektüre, wenn man aktiv an seinem Schreibstil arbeiten will. Die „ungeschriebene Grammatik" mathematischer Arbeiten ist in [Beutelspacher 02] zu finden. Zum wissenschaftlichen Schreiben siehe außerdem [Bünting et al. 02] und [Werder 95].

# 10 Das Promotionsverfahren

*Das Doktorwerden ist eine Konfirmation des Geistes.*

*Georg Christoph Lichtenberg*

*Mag sein, dass das Doktor-Werden eine Konfirmation des Geistes ist, wie Lichtenberg meinte. Eine heilige Kommunion ist es jedenfalls nicht.*

*Georg Brand*

Eigentlich ist es falsch zu sagen „Ich promoviere", denn promoviert *wird* man, indem man die Doktorwürde erhält.

Was notwendig ist, um den Titel zu erhalten, regeln die Promotionsordnungen, die mittlerweile für die meisten Fakultäten/Fachbereiche im Internet zu finden sind. Die Promotionsordnung regelt unter anderem, welche Voraussetzungen Sie erfüllen müssen (z.B. ein abgeschlossenes Studium), in welcher Form Sie Ihre Dissertation einreichen müssen und welche Fristen zu beachten sind. An Ihrer Promotion sind mindestens der Referent (Erstgutachter), der Korreferent (Zweitgutachter) und der Prüfungsvorsitzende (bei der Disputation) beteiligt.

Der Erstgutachter ist in aller Regel Ihr Betreuer. Der Korreferent wird normalerweise auch schon längerfristig gewählt; Sie können beispielsweise gemeinsam mit Ihrem Betreuer überlegen, wer in Frage kommt, und die entsprechende Person dann fragen, ob sie das Korreferat übernehmen möchte. Manchmal werden es auch noch weitere Gutachten eingeholt, insbesondere auch von anderen Fakultäten oder anderen Universitäten. Das ist dann sinnvoll, wenn das Thema andere Fächer oder Fachbereiche berührt, und ein externes Gutachten zeigt auch, dass das Interesse an Ihrer Arbeit über den eigenen „Dunstkreis" hinaus geht, ist also durchaus positiv zu bewerten und wird von Doktoranden oft selbst initiiert.

In der Disputation (Prüfung) stellen Sie Ihre Arbeit zur Diskussion und Sie werden vermutlich auch zu weiteren Themen befragt. Die Doktorprüfung ist, verglichen mit der Zeit, die ihr vorausgeht, keine hohe Hürde. Ihre Prüfer teilen sich auf in die, die Ihr Thema bereits kennen und Ihre Arbeit schätzen, und die, die nur am Rande beteiligt sind und deshalb keine kritischen Detailfragen parat haben. Natürlich kann es da Ausnahmen geben, aber Sie können sich in der Regel rechtzeitig darauf einstellen.

Ansonsten gilt die Prüfung dasselbe wie für die Gestaltung von Vorträgen. Sie sollten die Vorstellung Ihrer Arbeit gut vorbereiten und auch genügend Energie in eine optisch ansprechende Gestaltung stecken. Um die anfängliche Nervosität auszuhebeln, empfiehlt es sich, gerade die ersten Sätze mehrfach zu üben, vielleicht sogar auswendig zu lernen und für schwierige Passagen ein paar Wendungen einzuüben, damit Sie nicht ins Stocken geraten. Erfahrungen aus Vorträgen, die man bereits vor Fachpublikum gehalten hat, sind jetzt natürlich besonders nützlich.

Nach der Prüfung beschließt die Kommission Ihre Note, bei der natürlich die Noten, die Ihnen Ihre Gutachter für Ihre Dissertation gegeben haben, wesentlich sind. Es gibt vier mögliche Bewertungen: Summa cum laude – „mit Auszeichnung", magna cum laude – „sehr gut", cum laude – „gut" und rite – „genügend".

Nach Abschluss der Prüfung darf dann endlich gefeiert werden.

# 11 Haben es Frauen an der Hochschule schwerer?

*Eine gleichberechtigte Beteiligung von Frauen soll nicht nur ein Grundrecht einlösen, sondern wird zugleich das Kreativitätspotential der Wissenschaft bereichern, die wissenschaftlichen Perspektiven erweitern und die Kompetenz erhöhen, die die Gesellschaft zur Lösung vielfältiger Probleme in Gegenwart und Zukunft benötigt.*

*Pressemitteilung 9/1998 des Wissenschaftsrats*

Frauen, die promovieren oder gar eine Hochschullaufbahn einschlagen, sind immer noch vergleichsweise selten. Ihr Anteil steht in krassem Missverhältnis im Vergleich zu ihrem Anteil unter den Abiturienten und Studierenden. Frauen, die eine Universitätskarriere gleichzeitig mit einer Familie vereinbaren (was bei den männlichen Wissenschaftlern kein Problem ist, das wert ist, diskutiert zu werden), sind erst recht Ausnahmen.

Frauen stecken in einem schwierigen Zwiespalt: Einerseits haben sie alle Möglichkeiten, denn niemand verwehrt ihnen den Zugang zur Hochschule, stünde ihrer Promotion oder ihrer Bewerbung um einen Lehrstuhl im Wege. Im Gegenteil: Keine Stellenanzeige der Hochschule verzichtet auf den Zusatz, dass Bewerbungen von Frauen besonders gern entgegengenommen werden („Frauen- und Behindertenklausel"). Hochschulsonderprogramme unterstützen Frauen bei Promotions- und Habilitationsvorhaben. Eine Vielzahl von Projekten richtet sich nur an Frauen mit dem ausdrücklichen Ziel, ihre Qualifikation zu erhöhen und ihr Selbstwertgefühl zu stärken.

Andererseits gibt es für Frauen nach wie vor viel mehr Hindernisse als für Männer: Sie stehen unter viel größerem Druck, ihre Kompetenz unter Beweis zu stellen, da es immer noch genügend Leute gibt, die sagen „Für ein Mädchen ist sie ganz gut!". Sie sind oft nicht so gefördert worden wie ihre männlichen Kollegen, sie kämpfen mit offenem und verstecktem Sexismus, sie leiden unter dem machohaften Verhalten vieler Studenten und Hochschulangehörigen, die Probleme damit haben, dass Frauen ebenso gut oder sogar besser sind wie sie selbst (oder einfach nur ein Stückchen weiter). Und sie tappen, wie die Soziologieprofessorin Ursula Boos-Nünning es ausdrückt, in die „biologische Falle": Ihre Promotion scheitert an der Familiengründung. Manche schaffen den Doktor noch, verlassen aber danach die Hochschule.

„Brüche" in der Biografie sind der Karriere hinderlich, und vom Standpunkt des beruflichen Aufstiegs sind Kinder nun mal ein „Bruch". Ein Mann mit Familie wird gern eingestellt, der

Beständigkeit wegen – bei Frauen sind die Kinder eher ein Hindernis, weil Mütter ja für die Firma ausfallen könnten. Viel zu wenige Männer unterstützen die Karriere ihrer Frau auch dann noch, wenn es bedeutet, dass sie ihre Arbeitszeit verkürzen und stattdessen kochen müssen, Wäscheberge zu bewältigen haben und in der Krabbelgruppe abschätzend beäugt werden. Traurige Folge dieser vielen Probleme ist, dass begabte Frauen oft aus Karrieregründen auf Kinder verzichten. Als sei das Glück, Kinder zu haben, denen vorbehalten, die sonst keine Pläne haben!

## 11.1
## Sozial-Tussi und Techno-Freak

Die Sache wird nicht einfacher durch die Hochkonjunktur, die Publikationen mit der Botschaft „Frauen sind anders, Männer auch" haben. Da Frauen und Männer zu biologisch völlig verschiedenen Zwecken geschaffen wurden, haben sie von Natur aus sehr unterschiedliche Eigenschaften, heißt es da. Die Männer sind die eher technisch, aber auch einseitig begabten, die Frauen eher sozial veranlagt und gut in Sprachen. Wenn das bedeutet, dass alles bleiben wird, wie es ist, sind das ziemlich trostlose Aussichten vor allem für Frauen, die sich in männlich dominierten Fächern wie Informatik oder Maschinenbau behaupten.

Aber angesichts der Gemächlichkeit, in der den Menschen das Fell verlustig ging und sie den aufrechten Gang lernten, sind die hundert (!) Jahre, die es Frauen überhaupt erst erlaubt ist, zu studieren, eine zu vernachlässigen Größe (man bedenke, dass Frauen die meiste Zeit noch nicht einmal eine Seele hatten und dass ihnen lange Zeit das Lesen verboten war). Erst seit achtzig Jahren ist es Frauen erlaubt, an der Hochschule zu lehren. Inzwischen stellen sie neun Prozent der Professuren. Unter den C4-Professuren sind es unter fünf Prozent, was immer noch mehr ist als der Anteil der Frauen in Führungspositionen außerhalb der Universitäten, der bei 2,9% liegt. Frauen haben noch viel nachzuholen, aber für eine biologische Erklärung ihres Rückstandes ist es noch viel zu früh, so lange die Verhältnisse so sind, wie sie sind.

Außerdem gibt es auch noch andere Stimmen. Der amerikanische Forscher Keith Devlin behauptet zum Beispiel, das „Mathe-Gen" und das „Sprach-Gen" seien sowieso ein und dasselbe. Die Fähigkeit zum abstrakten Denken ist dem Menschen an sich eigen und die Unterschiede sind eher quantitativ als qualitativ.

Dass Frauen schlechter in Mathematik seien, weil ihr räumliches Vorstellungsvermögen weniger entwickelt ist als das der Männer, ist ein ganz schlechtes Argument. Zu Mathematik gehört weit mehr als ein räumliches Vorstellungsvermögen; Konzentrations- und Abstraktionsfähigkeit und das Vermögen, längere Argumentationsketten zu verfolgen, sind ebenso wichtig. In einigen Bereichen der Mathematik spielt die Räumlichkeit zudem eine untergeordnete Rolle.

## 11.2 Fördermöglichkeiten an der Hochschule

In den nächsten Jahren werden viele Lehrstühle altersbedingt frei werden. Warum sollten Frauen das Bemühen um die politische Korrektheit nicht ausnutzen und die Fördermaßnahmen nutzen?

Auf Frauenförderung sollten Sie nicht ausschließlich bauen, aber es ist nicht unredlich, die Stipendien zu nutzen, die an Frauen vergeben werden, weil sie auf Grund gesellschaftlicher Realitäten immer noch größte Schwierigkeiten haben, Beruf und Familie zu vereinbaren. Diese Stipendien haben zudem den Vorteil, dass Sie auch Ihrer Betreuerin oder Ihrem Betreuer nutzen, weil sie außerhalb des regulären Stellenkontingents liegen, d.h. eine zusätzliche Forschungskraft ans Lehrgebiet bringen. Sie müssen sie nur noch davon überzeugen, dass das, was Sie vorhaben, für alle Beteiligten interessant ist. In der Regel brauchen Sie dann noch eine weitere Befürwortung für Ihr Projekt.

Wiedereinstiegs- und Kontaktstipendien sind eher kurzfristige Finanzspritzen. Wenn Sie langfristig in der Forschung arbeiten wollen, ist es am besten, sich gute Kontakte aufzubauen und zu erhalten. Es ist besser, mit einem interessanten Thema und einem unterstützenden Professor im Rücken auf die Suche nach einer Finanzierung zu gehen als erst nach Fördermöglichkeiten zu suchen und dann nach einem Thema. Teilweise werden statt Stipendien auch Stellen vergeben (die besser sozial abgesichert sind). Sprechen Sie mit der Frauenbeauftragten, die Sie über Finanzierungsmöglichkeiten informieren kann. Auch die Webseiten der Frauenbeauftragten bieten oftmals eine gute Orientierung, schauen Sie auch auf den Seiten der Bildungs- und Wissenschaftsministerien.

## 11.3 Fördern Sie sich selbst!

Es kann sehr erleichtern, zu merken, dass man nicht allein ist mit den widersprechenden Gefühlen. Ganz besonders wichtig ist es, Kontakt zu anderen Frauen zu halten. Nutzen Sie zum Beispiel die Angebote der Frauenbeauftragten, gründen Sie Wissenschaftlerinnen-AGs und Ähnliches.

Aber noch mehr als Männer müssen Frauen sich überlegen, warum sie überhaupt promovieren wollen, noch genauer müssen sie schauen, dass sie diese Qualifizierungsmaßnahme mit ihrem übrigen Lebensentwurf vereinbaren können, was insbesondere bedeutet: nicht zu alt darüber werden, überlegen, ob die Fachrichtung stimmt und den Blick auf das, was danach kommt, nicht verlieren. Denn das man für einen formalen Titel automatisch mit einer gehobenen Position und einem guten Gehalt belohnt wird, ist ein Wunschtraum. Hier kommt es auch sehr auf die Fachrichtung an; immer noch qualifizieren sich viel zu viele Frauen in die falsche Richtung. Ein formaler Titel allein nutzt nicht viel.

Ein echtes Hindernis ist das immer noch ein stark unterentwickelte weibliche Selbstbewusstsein. Es reicht auch nicht, dass sie dadurch Nachteile haben, es wird ihnen auch noch zum Vorwurf gemacht. So kann man immer wieder Artikel von Karriereberatern lesen, die mit dem Tenor „Frauen sind ja soo blöd" darüber schimpfen, dass Frauen ihre Chancen nicht wahrnehmen und nicht ebenso hochstapeln wie ihre männlichen Kollegen. Das heißt aber nichts anderes, als dass Frauen gefälligst an die Spielregeln der Männer zu halten haben, wenn sie es zu etwas bringen wollen. Viele Frauen wollen das aber gar nicht.

Das Ergebnis ist die so genannte „strukturelle Überforderung": Sie können offiziell alles machen, aber inoffiziell liegen überall Steine im Weg. Die legen nicht nur die Männer aus: Dass Frauen wirklich fest entschlossen sind, ihren Kopf zu benutzen, will manchen Mütter, Schwiegermütter, Nachbarinnen und Schwestern immer noch nicht in denselben. Konkurrenz- und Neidgefühle tun ein Übriges.

Wenn Sie also die Empfindung haben, dass Ihre Kollegen es einfacher haben als Sie, dann sollten Sie diesem Gefühl ruhig trauen. Sei sind deshalb noch lange nicht unbegabt.

Viele Männer an der Hochschule würden es nie wagen, etwas gegen Frauen in den Wissenschaften zu sagen, aber sie lassen ihre Mitstreiterinnen nicht ausreden, enthalten ihnen Informationen vor, meiden oder ignorieren sie. Sie haben zum Teil einfach auch Angst, dass Frauen erfolgreicher sein könnten als sie selbst. Gern wird dann auch ein Bild des Wissenschaftlers vermittelt, der sich ganz und gar seiner Tätigkeit verschreibt und an solche Dinge wie Freizeit nicht im Entferntesten zu denken wagt.

Wenn Ihnen jemand weismachen will, unter einer 80-Stunden-Woche bräuchten Sie in der Wissenschaft gar nicht erst anzufangen, dann denken Sie an das Neunauge, das in einem bekannten Kinderbuch von Otfried Preußler auftritt. „Nur zwei Augen! Wie wenig!“ sagt es zu dem kleinen, verängstigten Wassermann. Dabei verschweigt es, dass von seinen neun Augen sieben blind sind.

Es kommt nicht auf die Menge der Zeit an, die man einer Arbeit zuwendet, sondern auf die Qualität dieser Zeit. Sie müssen nicht wer-weiß-wie-viele Veröffentlichungen schreiben und Vorträge halten, sondern sollten genau überlegen, welche Schritte Sie Ihrem Ziel näher bringen und auf welche Sie möglicherweise auch gut verzichten können. Kurzum: Stehen Sie selbstbewusst dazu, wie *Sie* es machen. Ecken und Kanten im Lebenslauf: Warum nicht? Es ist nicht nur die Mode, die Frauen einem Diktat unterwirft; heute ist es darüber hinaus das Dogma von der Flexibilität, Mobilität, Zielstrebigkeit, Verfügbarkeit. Vielleicht wäre die beste Empfehlung für Nachwuchswissenschaftlerinnen: Stur sein.

## 11.4 Damit die Familiengründung nicht zur Falle wird

Wenn Sie während der Promotionszeit eine Familie gründen, müssen Sie sich klar darüber sein, dass das eine anstrengende Sache wird. Es sind aber nicht die Kinder selbst, die eine wissenschaftliche Karriere verhindern. Sechs der neun Naturwissenschafterinnen, die den Nobelpreis bekamen, waren verheiratet und hatten Kinder! Von Marie Curie wird berichtet, dass sie während Schwangerschaft und Stillzeit sogar besonders kreativ war. Schwierig wird die Sache durch andere Dinge: Der Partner bekommt eine lukrative Stelle in einer anderen Stadt angeboten. Sie wohnen weit entfernt von ihren Verwandten und haben keine Mutter oder Schwiegermutter, die jederzeit gern auf den Nachwuchs aufpasst. Ihr Doktorvater runzelt die Stirn und traut Ihnen nicht recht zu, dass Sie das alles schaffen. Sie bekommen keinen Ganztagsplatz im Kindergarten. Ihre Beziehung ist der Belastung durch Kinder nicht gewachsen. Durch Kinder verändert sich alles, und Unvorhergesehenes ist der Normalfall: Von Komplikationen während der Schwangerschaft über die Windpocken, der kranke Tagesmutter bis hin zu den Läusen in der Schule.

Nur wenige Frauen haben so viel Entlastung, dass ihnen diese Vorfälle keinen Strich durch die Zeitplanung machen. Da ist eine Menge Stressresistenz und Flexibilität erforderlich. Allerdings gilt das für jede Form der Berufstätigkeit, und anders als bei anderen Jobs sind Doktorandinnen meist vergleichsweise unabhängig und können sich die Zeit gut einteilen. Wenn man die Frage also anders herum stellt – nämlich: Wann *passt* ein Kind denn? – dann ist die Promotionszeit nicht die schlechteste Antwort.

Wenn Sie Kinder haben und promovieren wollen, beachten Sie folgende Punkte:

- Kümmern Sie sich rechtzeitig um eine gute Kinderbetreuung.
- Überschätzen Sie Ihre Kräfte nicht. Manche Kinder brauchen Jahre, um das Durchschlafen zu lernen. Auch tagsüber gehört die Aufzucht von Kindern zu den anstrengendsten Jobs, die es gibt.
- Stimmen Sie sich mit Ihrem Partner ab. Welche Möglichkeiten hat er, Sie zu unterstützen? Ist es selbstverständlich, dass er seinen Teil am Haushalt erledigt? Wenn nicht, ist es höchste Zeit, das zu ändern.
- Halten Sie auf jeden Fall den Kontakt zur Hochschule, auch wenn Sie zeitweise nicht viel an ihrer Dissertation tun können.

- Planen Sie regelmäßig Zeitblöcke von mindestens drei Stunden ein, in denen Sie ungestört arbeiten können.
- Schrauben Sie ein paar Ansprüche wenigstens für einige Zeit zurück. Die Wohnung sieht vielleicht jetzt nicht immer so vorzeigbar aus wie früher, der Kleiderschrank wird nicht so oft dem neuesten Modestand angepasst und die Besuche im Fitnessstudio werden seltener. Irgendwo muss man nun mal streichen.

Haben Sie Geduld sowohl mit sich als auch mit ihren Kindern und planen Sie mit einer doppelten Portion Sicherheitsabstand. Dass etwas dazwischenkommt, ist beim Leben mit Kindern die Regel.

**Wollen Sie mehr wissen?** Ulla Fölsing hat mehrere Bücher über erfolgreiche Wissenschaftlerinnen geschrieben, z.B. „Nobel-Frauen" und „Marie Curie". Über herausragende Wissenschaftlerinnen schrieb Renate Feyl das Buch „Der lautlose Aufbruch". Ein Ratgeber zum Familienmanagement ist [Rogge 00]. Zu den Themen Berufstätigkeit und Mutterschaft gibt es beliebig viel Literatur; wer ein Gegengift zu den vielen Erziehungsratgebern sucht, ist mit Herrad Schenk „Wieviel Mutter braucht der Mensch?" gut bedient.

# 12 Was tun im Doktorandenseminar

Die Betreuung von Doktoranden ist an deutschen Universitäten eher sparsam, auch wenn sich hier inzwischen eine Menge getan hat. Veranstaltungen mit dem Titel „Anleitung zu wissenschaftlichem Arbeiten" erschöpfen sich meist darin, dass ab und zu jemand über sein Thema vorträgt. Die Zuhörer kommen mehr oder weniger gut mit, denn die Themen sind sehr speziell; über Arbeitstechniken selbst hört man fast nie etwas.

Die Vorschläge in diesem Abschnitt sind für Seminare gedacht, die am Fachbereich bzw. am Lehrstuhl stattfinden und sind durchaus auch als Anregung für Dozenten gedacht. Sie sind aber auch geeignet, eine fächerübergreifende, selbstorganisierte Doktoranden-AG inhaltlich zu füllen. Die Anregungen orientieren sich entlang den Kapiteln in diesem Buch. Auch die Arbeitsbogen können im Seminar verwendet werden.

## 12.1 Themenfindung

- Sprechen Sie über Ihre Interessen. Was haben Sie im Studium besonders gern gemacht? Was fällt den anderen dazu ein? Was würde sie an dem Thema interessieren?
- Brainwriting: Schreiben Sie ein Thema, eine Anregung auf ein Blatt Papier, reichen Sie dies herum und lassen Sie jeden dazu frei assoziieren.
- Einer von Ihnen hält einen Vortrag über wegweisende Ideen in Ihrem Fachgebiet. Diskutieren Sie darüber.

## 12.2 Wissenschaftstheorie und Wissenschaftspolitik

- Lesen und besprechen Sie Literatur, die sich mit den Methoden Ihres Fachs beschäftigen.
- Fragen Sie erfahrene Wissenschaftler, was sie sich unter dem Begriff „wissenschaftlich" vorstellen.
- Fragen Sie Professoren, nach welchen Kriterien sie beurteilen, ob eine Arbeit gut oder schlecht ist.
- Diskutieren Sie die Empfehlungen der Kommission „Selbstkontrolle in der Wissenschaft" der Deutschen Forschungsgesellschaft, die sich an wissenschaftliche Institutionen und alle einzelnen Wissenschafter richten (zur Zeit des Erscheinens dieses Buches erhältlich unter www.dfg.de/aktuell/download/empf_selbstkontrolle.htm).

## 12.3
## Ideen

- Sprechen Sie darüber, wie Sie auf Ideen kommen und wann und warum es „hakt".
- Stöbern Sie in Biografien, wie große Wissenschaftler zu ihren Ideen kamen.

## 12.4
## Ziele und Zeitmanagement

- Jeder nimmt ein Blatt Papier und schreibt auf eine Seite eine Beschreibung von sich selbst in der dritten Person und mit einem anderen Namen. Danach tauschen Sie die Zettel untereinander und stellen sich einen Zeitsprung von 5 oder auch 10 Jahren vor. Auf der Rückseite bemüht ein zweiter Teilnehmer seine Phantasie, was die Zukunft der auf der Vorderseite geschilderten Person angeht. Ein Beispiel: Die Beschreibung auf der Vorderseite:

  *Nina ist gerade mit dem Studium der Volkswirtschaft fertig geworden. Sie ist fünfundzwanzig und hat sich immer schon besonders für die Probleme der gesetzlichen Krankenkassen interessiert. Jetzt hat sie eine Stelle an der Uni gefunden, auf der sie promovieren kann. Nach der anfänglichen Euphorie ist sie verzagt, weil die viele Literatur sie zu erschlagen droht und sie sich fragt, wie sie das in der kurzen Zeit alles schaffen soll. Außerdem ist ihr immer noch unklar, was sie nach der Promotion – wenn sie denn gelingt – machen soll. Sie will ja auch noch so vieles anderes: Zeit für ihr Hobby, die Malerei, eine Zeitlang im Ausland leben und irgendwann einmal Kinder haben.*

Dazu mag einem anderen Teilnehmer der AG einfallen:

> *35 ist Nina, und sie hat gemeinsam mit ehemaligen Kommilitonen ein Versicherungsbüro gegründet. Der Doktor auf dem Briefbogen macht sich gut, die Mühe hat sich gelohnt. Nina ist verheiratet und hat eine Tochter, das zweite Kind ist unterwegs. Nina ist froh, dass sie die Arbeit im Büro frei einteilen kann, aber manchmal ist sie doch sehr gestresst. Sie hat nach der Promotion einen dreimonatigen Forschungsaufenthalt in Stockholm eingeschoben, zu mehr hat es leider nicht gereicht. Ihre Staffelei verstaubt auf dem Dachboden. Es ist weniger wichtig, ob diese Voraussage sich bewahrheitet, aber die Person, für die Nina das Pseudonym ist, kann sich selbst in einem anderen Licht sehen und sich fragen, ob ihr das gefällt. Vielleicht erbost sie der Satz über das verstaubte Malzeug so sehr, dass sie ihre Arbeitszeit halbiert und in der übrigen Zeit an der Kunstakademie studiert.*

- Jeder schreibt drei seiner Zeiträuber auf und reicht den Zettel herum. Jeder darf einen Ratschlag dazu geben.
- Diskutieren Sie über Zeitmanagement, Ordnung und Kreativität. Ein geplantes Vorgehen scheint sich mit der Unberechenbarkeit schöpferischer Leistung nicht zu vertragen – oder?

## 12.5 Vortragen

- Organisieren Sie einen Rhetorik-Kurs für Wissenschaftler!
- Geben Sie bei einem Fachvortrag nicht nur fachliche Rückmeldung, sondern schildern Sie auch, wie der Vortragende auf Sie gewirkt hat und was er oder sie besser machen könnte. Bleiben Sie bei der Kritik immer konstruktiv und ziehen Sie möglicherweise auch Literatur zu Rate, um wirksame Hinweise geben zu können.

- Üben Sie den Umgang mit unangenehmen Zuhörern im Rollenspiel. Das ist besonders wichtig, wenn wichtige Vorträge oder Prüfungen anstehen. Einige Professoren sind bekannt dafür, eine bestimmte Art von unangenehmen Fragen zu stellen oder den Vortragenden ins Lächerliche zu ziehen. Wie können Sie kontern? Probieren Sie verschiedene Strategien aus und diskutieren Sie sie.

## 12.6 Schreiben

- Halten Sie Ausschau nach einem Kursleiter und organisieren Sie eine Schreibwerkstatt.
- Studieren Sie gemeinsam Form und Aufbau von Papers, die in Ihrem Fach veröffentlicht wurden.
- Diskutieren Sie eigene Arbeiten untereinander, oder tauschen Sie sie aus und versehen sie mit Kommentaren.

## 12.7 In der Doktorandinnen-AG...

- ... sind Frauen unter sich, was gerade in den männlich dominierten Fachbereichen eine reine Wohltat ist.
- Stellen Sie in Vorträgen berühmte Wissenschaftlerinnen Ihres Fachs vor. Geben Sie der Vortragenden Rückmeldungen über ihren Redestil.
- Laden Sie Referentinnen zum Thema „Gender Studies" ein.
- Organisieren Sie Veranstaltungen zu den Themen Zeitmanagement oder Rhetorik oder „wissenschaftliches Schreiben".

Diskutieren Sie über Frauenfördermaßnahmen – möglichst kontrovers!

# 13 Häufig gestellte Fragen

## 13.1 Gibt es eine Datenbank für offene Promotionsthemen?

Es gibt hie und da Bestrebungen, Promotions- und sonstige Forschungsthemen zentral zu erfassen. Beispiel: www.drarbeit.de listet eine Auswahl von Doktorandenstellen in Naturwissenschaft und Medizin. Aber dennoch ist die Frage, ob man wirklich allein an dem Thema forscht, sehr viel leichter zu falsifizieren (nämlich, wenn Sie Ihr Thema irgendwo anders entdecken) als zu verifizieren (da solche Erfassungen naturgemäß unvollständig sind).

Es gibt keine Datenbanken für Bestseller, die noch zu schreiben wären, für Erfindungen, die noch zu tätigen wären, für Songs, die noch zu komponieren, Theaterstücke, die noch zu schreiben sind. Ob ein Problem das Format einer Doktorarbeit hat, ist bereits Forschungsarbeit. Auch wenn es verlockend klingt, ein bereits „vorformatiertes" Thema bearbeiten zu können, gerade eine allzu konkrete Aufgabenstellung birgt Probleme. Vielleicht gefällt Ihnen das Thema nach einem halben Jahr nicht mehr, und Sie haben keine Möglichkeit, den Dingen nachzugehen, die Sie eigentlich interessant finden. Oder es stellt sich heraus, dass das Thema gar nicht so viel hergibt, wie es zuerst aussah.

## 13.2 Ich habe hier etwas Interessantes gefunden – kann ich damit promovieren?

Es gibt keine zentrale Instanz, die Ihnen das sagen kann. Wenn Sie niemanden kennen, der sich für Ihr Thema interessiert, lautet die Antwort nein. Wenn Ihnen tatsächlich im Zusammenhang mit Ihrem Thema keine einzige Person aus dem Hochschulbereich bekannt ist, in deren Umfeld es passen könnte, dann hat die Sache mit Wissenschaft wahrscheinlich nicht viel zu tun oder ist ein „Luftschloss", das heißt, hat keine Berührungspunkte mit dem aktuellen Stand der Forschung. Mit so etwas haben Sie es schwer. Wenn Sie aber jemanden an der Hochschule kennen, zu dem Ihr Thema passen würde, nehmen Sie zu ihm Kontakt auf. Haben Sie keine Scheu: Die Wissenschaft ist schließlich sein Job, und wenn Ihr Thema wirklich interessant ist, kommen Sie sicher ins Geschäft.

## 13.3 Kann ein Promotionsberater weiterhelfen?

Sie sollten kein Geld für etwas ausgeben, das Sie umsonst bekommen können, und die Professoren sind verpflichtet, ihre Dienste im Rahmen ihrer Tätigkeit anzubieten. Seit der Entstehung des Internet ist es wirklich nicht allzu schwierig, die Kompetenzbereiche der Professoren in Erfahrung zu bringen oder umgekehrt zu den Themen die Köpfe zu finden. Auch die Literaturrecherche hilft dabei. Das Schreiben Ihrer Dissertation kann Ihnen auch keiner abnehmen, und den Ehrgeiz, Literatur zu sichten, sollten Sie schon selber haben. Kommerzielle Promotionsberatung bewegt sich am Rand der Legalität. Mit käuflichen Titeln haben die Autoren dieses Buches keine Erfahrung und fühlen sich auch nicht zuständig.

## 13.4 Wie kann ich schnell einen Überblick über die Literatur bekommen?

Es helfen nur viel Geduld, Zeit, Erfahrung, Geduld, Zeit, Erfahrung... Schnelllesetechniken, die helfen, die Zeitung möglichst rasch zu „scannen", dürften beim Umgang mit wissenschaftlicher Literatur eher weniger nützlich sein, im Gegenteil: Sie müssen in der relevanten Literatur (wie findet man die? Siehe oben!) Satz für Satz lesen und verstehen – und das geht nun mal nur mit viel Geduld, Zeit und der langsam anwachsenden Erfahrung. „Überblick" ist auch nichts, was man weiter geben kann sondern hängt vom Standpunkt ab. Je nach Perspektive muss man ganz unterschiedliche Teilgebiete nach Relevanz abklopfen und Gemeinsamkeiten oder Differenzen herausschälen.

## 13.5 Wie kann ich in drei Monaten meine Dissertation in zwei Sprachen schreiben?

Wahrscheinlich gar nicht. Auch wenn Sie das Zehnfingersystem beherrschen (lohnt sich!) und so schnell tippen wie die Feuerwehr, an Murphys Law ändert das nichts: Es dauert alles länger als man denkt. Gerade die Zeit, die man für das Aufschreiben braucht, unterschätzen die meisten Menschen. Zeitmanagementseminare können daran auch nichts ändern.

## 13.6 Wäre es nicht eine gute Idee, im Erziehungsurlaub zu promovieren?

Wenn das Thema schon einigermaßen fest steht und der Kontakt zum Betreuer erhalten bleibt: Warum nicht? Das Gelingen hängt stark von der Motivation ab, außerdem von der Organisation des Haushalts, von der Teamfähigkeit von Partner oder Partnerin, von der Verfügbarkeit einer Betreuungsperson für die Kinder, von den Ansprüchen an das saubere, gepflegte Heim. Großer Vorteil gegenüber dem Promovieren neben einer Berufstätigkeit: Nach einer Woche an Schreibtisch und Computer ist ein Wochenende an Schreibtisch und Computer wenig erholsam. Aber nach einem Morgen zwischen Windeln, Spielplatz, Küche und Supermarkt ist ein Nachmittag am Schreibtisch die reinste Wohltat.

## 13.7 Was ist, wenn mir jemand zuvor kommt?

Natürlich kann es sein, dass irgendwo in der Welt da draußen jemand am selben Thema sitzt wie Sie. Das müssen Sie nicht unbedingt mitbekommen. Es ist durchaus schon vorgekommen, dass Habilitationen nicht durchgeführt wurden, weil jemand anders dieselben Ergebnisse kurz vorher publiziert hat. Der Logiker Frege sah sich um Jahre seiner Arbeit betrogen und geriet auf Abwege, als Bertrand Russell mit seiner berühmten Antinomie herauskam, die Freges Werk quasi in sich zusammenfallen ließ.

Je nach Fach und Problemstellung kann es durchaus sein, dass zwei Personen an demselben Thema arbeiten, aber dennoch beide voneinander unabhängig zu verschiedenen Ergebnissen kommen (etwa bei der Einschätzung eines juristischen Problems). Mitunter sind auch verschiedene Lösungswege zu demselben Ergebnis interessant. Wenn Sie einen Beweis für Fermats Vermutung finden, der wirklich auf den Rand einer Buchseite passt, so wie Fermat sich das vorgestellt hat, wäre das phänomenal. Denn der Satz ist zwar inzwischen bewiesen, aber den Beweis versteht fast keiner.

## 13.8 Kann mir jemand meine Ergebnisse klauen?

Dass jemand aus Ihren Publikationen abschreibt und Ihnen so ins Gehege kommt, ist eher unwahrscheinlich (was nicht bedeutet, dass so etwas nicht vorkommt). Sie sichern sich mit der Publikation auch die Urheberschaft – gerade deshalb sollten Sie veröffentlichen. Fruchtbarer als Abschreiben ist eine Zusammenarbeit, die sich aus Veröffentlichungen ergeben kann.

Hier spielt auch das in Kapitel 3 angesprochene Vertrauen eine Rolle: Wenn Sie Forschungsarbeiten für eine Konferenz einreichen, müssen Sie davon ausgehen können, dass die Gutachter Ihre Resultate nicht für sich ausnutzen.

## 13.9 Was passiert, wenn ich mich mit dem Doktorvater verkrache?

Schwer zu sagen. Die Arbeit ohne Einverständnis des Betreuers offiziell einzureichen ist wenig ratsam, manchmal aber unvermeidlich. Möglicherweise kommen Ihnen in fortgeschrittenem Stadium Korreferent und Prüfer zu Hilfe. Die Professoren untereinander sind sich auch nicht immer einig, aber es ist sehr unangenehm, in so ein Gerangel hineinzugeraten. Auch ein Wechsel des Doktorvaters ist eher schwierig, und schon gar nicht dürfen Sie eine Dissertation an einer anderen Universität einreichen, ohne zu sagen, dass diese Arbeit anderswo schon abgelehnt worden ist.

## 13.10 Mein Thema artet aus. Was soll ich tun?

Es ist wahrscheinlich ein gutes Thema, von dem man sich schwer trennt und damit eindeutlich einer Sache vorzuziehen, der Sie mühselig ein bisschen Essenz abpressen müssen. Sie haben aber nur ein begrenztes Stück Zeit zur Verfügung. Lassen Sie anderen Wissenschaftlern etwas zu tun übrig – schreiben Sie einen ausführlichen Ausblick auf weiteren Forschungsbedarf (was vielleicht zur Fortsetzung Ihrer Forschungstätigkeit führt). Wenn Ihr Professor immer wieder auf neue Ideen kommt und immer mehr von Ihnen erwartet, geht er unverantwortlich mit Ihrer Lebenszeit um.

## 13.11
## Was ist, wenn meine Stelle ausläuft?

Wenn Ihr Vertrag zu Ende ist oder Ihr Stipendium ausgeht, bevor Sie Ihre Arbeit abgeschlossen haben: Verlieren Sie nicht den Mut. Versuchen Sie zunächst, eine Verlängerung zu erwirken. Sie können vielleicht auch irgendwo noch ein paar Monate Stipendium auftreiben oder kurzfristig einen Werkvertrag abschließen. Waren Sie fest angestellt, haben Sie wahrscheinlich Anspruch auf einige Monate Arbeitslosenunterstützung. Oder Sie fangen schon auswärts zu arbeiten an und schreiben die Arbeit in Ihrer Freizeit zu Ende (nicht sehr empfehlenswert, lässt sich aber manchmal nicht umgehen). Sonst helfen nur noch Ersparnisse, die Eltern anpumpen oder einen Kredit aufnehmen. Manchmal hilft der Engpass, die Dinge zum Abschluss zu bringen. Sie wären nicht der Erste, dem es so ergeht.

## 13.12
## Muss man so viel Altpapier erzeugen?

Ja. Bis die „final version“ vor Ihnen liegt, werden Sie viele, viele Ausdrucke machen, an denen Sie herumkorrigieren oder die Sie anderen zu lesen geben. Erfahrungsgemäß findet man am Bildschirm weniger Fehler als auf dem Papier. Doch bei jeder neuen Version kommen Sie der Sache näher. Vergleichen Sie es mit einer Statue, die Sie bei jedem Arbeitsgang feiner zurechtschleifen.

## 13.13
## Nutzt einem der Doktortitel im Alltag?

Ist Ihnen aufgefallen, dass, nachdem Helmut Kohl die Bundestagswahl verloren hatte, die Journalisten ihn wie auf Kommando nur noch mit „Herrn Doktor Kohl“ anredeten? Irgendwie wirkte das nicht besonders schmeichelhaft.

Sie mögen durch Ihren Titel an Souveränität gewinnen und Ihr Selbstwertgefühl stärken, aber bedenken Sie, dass auch die Ansprüche anderer an Sie steigen, wenn bekannt ist, dass Sie Expertin sind. Es kann sogar ganz schön nervig sein, dauernd mit „Frau Doktor Sowienoch" angesprochen zu werden. Wer überall mit seinem Doktor hausieren geht, hat vermutlich einen Rollenkonflikt. Denn Sie sind außer promoviert auch noch so vieles andere: Mutter, Tante, Autofahrerin, Köchin, Sohn, Nachbar, Vorgesetzter, Liebhaber... und da zählen ganz andere Qualitäten.

## 13.14
## Muss mich jetzt jeder mit „Doktor" anreden?

Nein. Der Doktortitel wird kein Namensbestandteil wie etwa „Graf". Sie können den Doktortitel zwar (als einzigen akademischen Titel) in den Personalausweis eintragen lassen. Aber Sie können nicht darauf bestehen, dass Sie nun jeder mit „Doktor" anspricht. In Zeiten, in denen man sich in vielen Firmen mit dem Vornamen anredet, ist das Bestehen auf Titeln ohnehin überholt.

## 13.15
## Was bringt das alles?

Die Frage „Wozu?" müssen Sie zumindest zeitweilig auf die Seite legen, sonst kommen Sie nicht voran. Sehen Sie im Forschen auch eine meditative Tätigkeit, die nicht immer nur auf ein Ziel gerichtet ist, nicht nur das praxisorientierte Arbeiten, von dem so oft die Rede ist. Es gibt viele Beispiele, bei denen sich gezeigt hat, dass der Nutzen einer Theorie unter Umständen erst Generationen später deutlich wird, und zudem führt es zu nichts, nur den aktuellen Trends hinterherzulaufen, denn diese ändern sich viel zu schnell. Denis Guedj hat das in seinem Buch „Das Theorem des Papageis“ sehr schön beschrieben:

*Als Euklid einem Schüler gerade ein Theorem erklärt hatte, wollte dieser, ein ehrgeiziger junger Mann, von ihm wissen, welchen Gewinn er daraus ziehen könnte. Euklid rief einen Sklaven: ‚Gib ihm ein Scherflein‘, befahl er diesen, denn er möchte unbedingt einen Gewinn aus dem ziehen, was er gerade gelernt hat.‘“*

*„Ich habe begriffen, Monsieur Ruche“, sagte Jonathan, indem er sich verbeugte. Dann wandte er sich an Léa: „Was Monsieur Ruche uns hier mit den Worten Euklids sagen will, ist: Wenn ihr euch mit Mathematik beschäftigt, dann sind Ungeduld und Habgier unangebracht, mögt ihr auch König oder Königin sein.“*

*Völlig verblüfft von dem genauso unerwarteten wie korrekten Gebrauch dieses Konjunktivs, nickten Monsieur Ruche und Léa im Einklang mit dem Kopf. „Du hast mich genau richtig verstanden, Jonathan“, bestätigte Monsieur Ruche. „Der... Lehrsatz, den du soeben formuliert hast, trifft zu, und das nicht nur für die Mathematik, sondern für alle Formen des Wissens. Auch für die Künste.“*

*„Und nicht zu vergessen, die Liebe“, fügte Léa hinzu.*

*„Zweifellos, zweifellos.“*

Dem ist nichts hinzuzufügen.

# 14 Zum Schluss

Lassen wir hier den Mathematiker John E. Littlewood zu Wort kommen, der die folgenden Tipps für Forscher der Mathematik formulierte, die sicher nicht nur für Mathematiker anwendbar sind:

1. Sei absolut aufrichtig zu deiner Arbeit; ein Schwindel nützt dir nichts; man kann sich nicht selbst betrügen.
2. Arbeite hart; es ist erstaunlich, wie viel man aushält; oft steigert harte Arbeit sogar deine Vitalität.
3. Forschen und Lernen sind verschiedene Dinge – du musst lernen, „vage" zu denken.
4. Erwarte als Anfänger nicht zu schnell Erfolge; auch später wird es immer wieder Frustrationen geben; sie dürfen nur nicht zu lange dauern.
5. Forsche nicht mehr als sechs Tage in der Woche, vier bis fünf Stunden täglich mit einer Pause nach jeder Stunde.
6. Morgens arbeitet man besser; die Behauptung, dass die Nacht am geeignetsten sei, ist eine der vielen Illusionen, die man sich über kreative Arbeit machen kann.
7. Wenn du am Abend entspannen möchtest, wirst du kaum hohen ästhetischen Ansprüchen genügen können (Musik scheint mir eine glückliche Ausnahme zu sein); lass dich deshalb ruhig einmal anspruchslos unterhalten.

8. Zu Beginn der Arbeit muss man sich ein wenig aufwärmen; ein guter Trick hierzu ist, am Vortag in der Mitte der Arbeit (in der Mitte eines Satzes usw.) aufzuhören.
9. Mache drei Wochen Ferien – neunzehn Tage reichen nicht; mache dann wirklich Ferien; Skilaufen und Bergsteigen sind besser als Museumsbesuche.
10. Wenn du etwas gefunden und aufgeschrieben hast, wird dir das Ergebnis trivial vorkommen; lies es zehn Tage später wieder.

Wenn deine Kreativität versiegt, versuch es mit einem längeren Urlaub; solltest du über vierzig sein und der Urlaub nicht mehr helfen, strebe einen höheren Verwaltungsposten an.[5]

Selbst wenn Sie später nicht mehr wissenschaftsnah arbeiten, so werden Ihnen die während der Promotionszeit erworbenen Fertigkeiten doch immer wieder von Nutzen sein, das findet jedenfalls Nietzsche:

> *Der Wert davon, dass man zeitweilig eine strenge Wissenschaft streng betrieben hat, beruht nicht gerade in deren Ergebnissen: denn diese werden, im Verhältnis zum Meere des Wissenswerten, ein verschwindend kleiner Tropfen sein. Aber es ergibt einen Zuwachs an Energie, an Schlussvermögen, an Zähigkeit der Ausdauer; man hat gelernt, einen Zweck zweckmäßig zu erreichen. Insofern ist es sehr schätzbar, in Hinsicht auf Alles, was man später treibt, einmal ein wissenschaftlicher Mensch gewesen zu sein.*
>
> *Friedrich Nietzsche*

---

[5] J. E. Littlewood: The Mathematician`s Art of Work. *The Mathematical Intelligencer vol 1(2),* 112-118, 1978. Hier zitiert nach H. Neunzert, B. Rosenberger: Oh Gott, Mathematik!? Teubner Verlag, 1997

Irgendwann ist es dann doch geschafft, und manche Leute stürzen nach Abschluss der Promotion in ein finsteres Loch der Leere, eine Art Wochenbettdepression. In den letzten Jahren haben sie Hobbys und Freunde vernachlässigt, sie hatten nur ein Ziel und haben wenig über das „danach" nachgedacht. Außerdem fühlen sie sich nach einer langen Zeit starker Anspannung und Konzentration ausgepowert und müde. Aber auf seinem Titel kann man sich nicht für den Rest seines Lebens ausruhen, neue Herausforderungen warten auf Sie und vielleicht werden Sie wehmütig an die Zeit an der Universität zurückdenken, in der Sie so frei arbeiten konnten wie später nie wieder.

Auch das Schreiben dieses Buches gehört zu den Dingen, die nur durch die große inhaltliche und persönliche Freiheit an der Universität entstehen konnten. Glauben Sie nicht, dass wir uns während unserer Promotion an all die Tipps gehalten haben, die wir hier aufgeführt haben. Ganz im Gegenteil – wir kannten sie größtenteils gar nicht und tappten unbedarft in manche Falle. Sie haben uns jetzt also Einiges voraus.

Wir wünschen Ihnen viel Erfolg!

# 15 Kommentiertes Literaturverzeichnis

Zu den Büchern wurde die jeweils neueste derzeit verfügbare Auflage angegeben.

## 15.1 Wissenschaft allgemein/Wissenschaftstheorie

[Bär 02] S. Bär: Forschen auf Deutsch – Der Machiavelli für Forscher. Verlag Harri Deutsch, Frankfurt am Main, Thun, 4. Aufl. 2002.

*Sarkastische Abrechnung mit der Forschungsgemeinde und den Methoden, es in diesem Bereich zu etwas zu bringen. Es geht hier in erster Linie um die Biologie, aber vieles kennt man auch aus anderen Fächern. Die Trostlosigkeit mancher Wissenschaftlerkarriere (tarzanmäßig von einem befristeten Vertrag zum anderen hangeln) wird hier beschrieben, ohne dass Weinerlichkeit aufkommt; an einigen Stellen wird der Autor sogar konstruktiv und macht konkrete Vorschläge.*

[Chalmers 01] A.F. Chalmers. Wege der Wissenschaft. Einführung in die Wissenschaftstheorie. Springer, Berlin, Heidelberg, 5. Aufl. 2001.

*Das Buch ist auch für philosophisch weniger Versierte gut und flüssig zu lesen; Chalmers bezieht selbst auch Stellung zu den verschiedenen Ansätzen. Wer wissen möchte, was es mit den „Paradigmenwechseln“ nach Kuhn und dem „Anything goes“ nach Feyerabend auf sich hat, ist mit diesem Buch bestens beraten.*

[Eberhard 99] Kurt Eberhard. Einführung in die Erkenntnis- und Wissenschaftstheorie. Geschichte und Praxis der konkurrierenden Erkenntniswege. Kohlhammer Stuttgart, Berlin, Köln, 2. Aufl. 1999.

*Eberhard stellt unterschiedliche Erkenntnisinteressen und -wege gegenüber und legt einen besonderen Schwerpunkt auf die historische Einordnung der verschiedenen Ansätze. Er gibt sehr viele praktische Beispiele aus der Sozialpsychologie, dadurch ergänzt das Buch die Lektüre von Chalmers, der sich meist auf die Naturwissenschaften (insbesondere Physik) bezieht. Auch Eberhards Buch erschließt sich Interessierten aller Fachrichtungen.*

## 15.2 Promotionsratgeber

[Preißner und Engel 01] Andreas Preißner, Stefan Engel (Hrsg). Promotionsratgeber. Oldenbourg Verlag, München, 4. Auflage 2001.

*Ein sehr umfassender Ratgeber, der Fragen wie diese beantwortet: Wer finanziert Promotionen? Welche Berufschancen haben Promovierte? Wo gibt es Spezialbibliotheken? Wie wählt man Hard- und Software für die Promotion aus (sogar der Bürostuhl wird angesprochen)? Wer druckt meine Dissertation? Wie zitiert man korrekt? Das Buch enthält auch einen Abschnitt über „Promotionsmanagement", man findet dort Zeit- und Selbstmanagement-Methoden etc. Auch Wissenschaftstheorie und Grundlagen der Statistik sind Themen. Ausführliches Literaturverzeichnis.*

[Enders und Bormann 01] Jürgen Enders, Lutz Bormann. Karriere mit Doktortitel? Campus Verlag, Frankfurt a.M., 2001

*Hier können Sie sich darüber informieren, was aus den Promovierten später mal wird.*

## 15.3 Kreativität und Mindmapping

[Beyer 93] Maria Beyer. BrainLand. Mind Mapping in Aktion. Junfermann-Verlag 1993.

*Ein außergewöhnliches Buch, das einen mit Phantasie und Kreativität in eine kleine „Gehirnwelt“ entführt und klarmacht, wie man sein Gehirn besser nutzen kann. Dazu wird insbesondere auf die Technik des Mind Mapping eingegangen. Ein sehr interessantes Buch, wenn man sich darauf einlassen kann und nicht nur harte Fakten und Methoden erwartet.*

[Birkenbihl 99] Vera Birkenbihl. Stroh im Kopf. mvg-Verlag, Landsberg am Lech, 35. Aufl. 1999.

*Sehr unterhaltsames Buch über gehirngerechtes Lernen. Gibt Anregungen und Methoden zum Verbessern des eigenen Lernstils. Liest sich sehr flüssig und macht einfach Spaß.*

[Buzan 98] Tony Buzan. Kopftraining. Goldmann-Verlag, 1998.

*Ein illustres Buch über bessere Lernmethoden. Anleitungen zum kreativen Denken mit Tests und Übungen. Enthält u.a. Schnell-Lesetechniken, Gedächtnistraining und insbesondere Mind Maps.*

[Malorny et al. 02] Christian Malorny, Wolfgang Schwarz, Hendrik Backerra. Die sieben Kreativitätswerkzeuge K7. Verlag Hanser, Reihe Pocket Power, 2. Auflage, 2002.

*Das Buch für die Westentasche. Wo haben Sie eigentlich Ihre besten Ideen... Wer kurz und knapp etwas über Kreativität und Ideenfindung im Team erfahren will, ist hier an der richtigen Adresse.*

[Vollmar 00] Klausbernd Vollmar. Sprungbrett zur Kreativität. Verwirklichen Sie Ihren Lebenstraum. Integral, 2000.

*Kreativität bezieht sich nicht auf die Lösung bestimmter Probleme, sondern ist eine Lebenshaltung der Offenheit und Neugier. Vollmars Buch kann zu einem erfüllteren Leben verhelfen, wenn man sich klar macht, wie reich das Nutzen der eigenen kreativen Kräfte macht. Anregungen, wie man diese Kräfte weckt, gibt er viele – und er macht auch deutlich, was die Kreativität hemmt.*

## 15.4 Vortragstechnik

[Boylan 96] Bob Boylan. Bring's auf den Punkt. Professionelle Vortragstechnik schnell trainiert. mvg-Verlag, Landsberg am Lech, 1996.

*Typischer „schneller Ratgeber": Das Buch können Sie in der Straßenbahn oder vor dem Einschlafen lesen. Sie bekommen die Tipps leicht fasslich und unterhaltsam.*

[Holzheu 02] Harry Holzheu. Natürliche Rhetorik. Econ/VVA, 2002.

*Auch wenn der Titel den Verdacht erregen könnte, hier würde uns mal wieder eine Masche verkauft (etwa Öko-Rhetorik?): Ein wohltuendes Buch. Die Message: Ein perfekter, aber unechter Redner erregt Aggressionen. Bleibe wie du bist, denn je natürlicher du dich gibst, desto besser kommt dein Vortrag an. Das Buch liest sich wunderbar leicht, enthält statt der üblichen Fallgeschichten die eigenen Erfahrungen des Autors und wirkt dadurch sehr glaubhaft und ermutigend.*

## 15.5 Zeit und Zeitmanagement

[Covey 00] Stephen R. Covey: Die sieben Wege zur Effektivität. Campus Verlag, Frankfurt, 11. Aufl. 2000.

*Der Schwerpunkt liegt hier im Bereich Selbsterkennung, Sinnfindung und Zielsetzung. Das Buch wendet sich an Leser, die das Problem Selbst- und Zeitmanagement in einem ganzheitlichen Rahmen lösen wollen. Viele Erfahrungsbeispiele.*

[Geißler 01] Karlheinz A. Geißler. Es muss in diesem Leben mehr als Eile geben. Herder Spektrum, Freiburg im Breisgau 2001

*Geißler wird als Europas bekanntester Zeitforscher bezeichnet, ist aber auch Experte für Bildung. Seine Bücher eröffnen einen neuen Blick auf das so schwer zu fassende Phänomen „Zeit" als Kulturgut im historischen Wandel. Geißler wendet sich gegen jegliche Versuche, die Zeit „managen" zu wollen; insbesondere die starre 45-Minuten-Regelung von Unterrichtsstunden empfindet er als kontraproduktiv. Ein Buch, das zu Mußestunden und zum Nachdenken einlädt: „Wer zu schnell ist, den bestraft das Leben."*

[Lewis 97] David Lewis. Ab heute hab' ich immer Zeit. Jede Woche zehn Stunden gewinnen. Urania Verlag, Berlin 1997.

*Dieser Buchtitel ist etwa so ernst zu nehmen wie „Eben mal 10 Kilo abnehmen." Es müssen ja auch nicht gleich zehn Stunden oder Kilo sein. An diesem Buch fällt positiv auf, dass viele Regeln zum Zeitsparen durchaus differenziert betrachtet werden. Es ist eben nicht immer schlecht, etwas aufzuschieben, und es ist nicht immer gut, zu delegieren. Die Vorschläge sind zum*

*Teil witzig: Stellen Sie eine Ampel auf Ihren Schreibtisch; zeigt Sie rot, darf man Sie nur stören, falls das Gebäude brennt. Errichten Sie Hindernisse zwischen Ihrer Bürotür und Ihrem Schreibtisch. Auch der Abschnitt über Ziele ist sehr nützlich.*

[Mackenzie 95] Alec Mackenzie. Die Zeitfalle. Sauer-Verlag, Heidelberg, 5. Auflage, 1995.

*Mackenzie geht en detail auf die Ursachen der Zeitverschwendung ein, die tief in der menschlichen Natur verwurzelt sind. Sehr erhellende Lektüre, auch wenn man nicht alles gleich in die Praxis umsetzt.*

[Mackenzie und Waldo, 95] Alec Mackenzie und Kay Cronkite Waldo. Die doppelte Zeitfalle. Zeitmanagement für die Frau. Sauer-Verlag, Heidelberg, 11. Auflage, 1995.

*Lebenswege von Frauen gleichen oft einem Patchworkmuster; Familie und Beruf zu vereinbaren ist für Frauen eine besondere Herausforderung. Dazu kommen „typisch weibliche" Verhaltensweisen, die Zeit und Nerven kosten, z.B. nicht Nein sagen zu können. Der leidige Haushalt wird hier nicht unter dem Aspekt „Wie kriege ich den Rotweinfleck aus dem Perserteppich?" behandelt, sondern unter der Fragestellung „Wie spare ich Arbeit und wie beziehe ich meine Familie mit ein?"*

[Mayer 99] Jeffrey J. Mayer. Zeitmanagement für Dummies. MITP Verlag, Bonn, 1999.

*Unterhaltsam zu lesendes Buch zu den Themen Arbeitsorganisation, Tagesplanung mit dem Computer, Umgang mit Geschäftsterminen und Gesprächen, Telefonieren, Verkaufen, Korrespondenz schriftlich und per E-Mail und noch einiges mehr. Mit Testversion einer Zeitmanagementsoftware.*

[Rogge 00] Julia Rogge. Den Alltag in den Griff bekommen. Familienmanagement. dtv, München, 2000.

*In den Büchern über Zeitmanagement wird häufig so getan, als ob dies nur ein Problem von Managern wäre. Berufstätige Eltern stehen aber genau vor denselben Problemen: Die Zeit fehlt immerzu, man arbeitet oft ineffektiv, ohne Zielsetzung, ist müde und weiß gar nicht recht, wovon. Julia Rogge widmet sich diesem Themenkreis in einer herzlichen Weise, ohne ihre Leser zu bevormunden. Jede Familie ist anders und jeder muss für sich selbst entscheiden, wie er es macht. Da gibt es kein „richtig" oder „falsch".*

[Seiwert 02] Lothar Seiwert. Das 1x1 des Zeitmanagement. mvg-Verlag, Landsberg am Lech, 23. Auflage, 2002.

*Standardwerk zum Thema Zeitmanagement. Sowohl zum Einlesen als auch zum Nachschlagen geeignet. Viele Grafiken und Formblätter erleichtern das Verständnis und die Umsetzbarkeit. Stellt sehr viele Methoden und Techniken vor, ohne aber eine übergreifende Philosophie oder Denkweise zu formulieren.*

## 15.6 Lesen

[Pennac 03] Daniel Pennac. Wie ein Roman. Von der Lust zu lesen. Deutscher Taschenbuchverlag dtv, München, 2003.

*Pennac plädiert für den entspannten Umgang mit dem Buch, weg von Pflichtlektüre und Schülerpein. Es gibt besonders für Pädagogen einiges her, aber die Rechte der Leser, die hier aufgestellt werden, erleichtern alle: Das Recht, nicht zu lesen, das Recht, irgendwas zu lesen, das Recht, ein Buch nicht zu Ende zu lesen, das Recht herumzuschmökern…*

[Stary und Kretschmer 94] Joachim Stary, Horst Kretschmer. Umgang mit wissenschaftlicher Literatur. Ein Arbeitshilfe für das sozial- und geisteswissenschaftliche Studium. Cornelson Scriptor, Berlin, 1994.

*Sehr interessantes Buch auch im Hinblick auf die Fragestellung „Wie funktioniert Wissenschaft überhaupt?“ Viele sorgfältig ausgewählte Textbeispiele und anregende Zitate – gut zu lesen.*

## 15.7
## Wissenschaftliches Schreiben

[Bünting et al. 02] Karl-Dieter Bünting, Axel Bitterlich, Ulrike Pospiech. Schreiben im Studium: mit Erfolg. Ein Leitfaden. Cornelsen Scriptor, Berlin, Neubearbeitung, 2002.

*Das Buch ist prallvoll mit Methoden und Vorschlägen zum wissenschaftlichen Schreiben. Hier gibt es auch PC-Tips! Das ganze Thema wird sehr umfassend dargestellt: Welche Textsorten gibt es; wie arbeitet man wissenschaftlich; wie schreibt man sachlich, logisch und verständlich?*

[Kruse 00] Otto Kruse. Keine Angst vor dem leeren Blatt. Ohne Schreibblockaden durchs Studium. Campus, Frankfurt, 8. Aufl. 2000.

*Wenn Sie Schreibprobleme haben, werden Sie sich von diesem Buch in freundlicher Weise angenommen fühlen. Was ist wissenschaftliches Schreiben? Wie kann man verfestigte Schreibprobleme angehen? Wie geht man eine schriftliche Arbeit an? Mit vielen praktischen Tipps. In der Tendenz eher für die nichttechnischen Fächer, aber vieles findet auch hier Anwendung.*

[Schneider 04] Wolf Schneider. Deutsch fürs Leben. Rororo Sachbuch, 13. Auflage, 2004.

*Das Buch zeigt nicht nur einen Weg zum verständlichen Schreiben, es ist auch so geschrieben, dass man es gerne liest. Es räumt auf mit lästigen Marotten wie Füllseln, Modewendungen, Wurmsätzen und vorsätzlicher Leserverwirrung. Vieles lässt sich abstellen, wenn man ein paar Dinge beachtet. Beispiele, wie Schneider sie anführt, findet man täglich in der Zeitung. Nicht alles lässt sich direkt auf das wissenschaftliche Schreiben anwenden, aber wenn manch ein Forscher Schneiders Regeln in Sachen Wortwahl und Satzbau befolgen würde, wäre die Welt schon ein bisschen schöner.*

[Werder 95] Lutz von Werder: Kreatives Schreiben in den Wissenschaften. Für Schule, Hochschule und Erwachsenenbildung. Schibri, Berlin, Milow 2. Aufl.age, 1995.

*„Schreibwerkstätten“ sind an den Universitäten in den USA bereits recht erfolgreich. Hierzulande gibt es sie eher selten. „Kreatives Schreiben“ begreift das Schreiben als einen schöpferischen Prozeß, der weit über eine „Niederschrift“ hinaus geht. Als Selbsterfahrungs- und Therapiemethode ist es populär geworden; in diesem Buch wird gezeigt, dass es auch in den Wissenschaften angewendet werden kann. Wenn Sie sich mit Ihrem Schreibstil auseinandersetzen wollen und neue Anregungen suchen, empfiehlt sich dieses Buch.*

[Werder 96] Lutz von Werder: Lehrbuch des wissenschaftlichen Schreibens. Ein Übungsbuch für die Praxis. Für Schule, Hochschule und Erwachsenenbildung. Schibri, Berlin, Milow, 1996

*Umfassendes, in seiner Art einzigartiges Werk zum wissenschaftlichen Schreiben. Hier wird das Thema auch wissenschaftlich und pädagogisch behandelt. Es richtet sich sowohl an Studenten als auch an Dozenten für das wissenschaftliche Schreiben. Viele, viele Beispiele und Anregungen.*

## 15.8 Gegen Selbstblockaden und Frust

[Freeman und DeWolf 04] Arthur Freeman und Rose DeWolf. Die 10 dümmsten Fehler kluger Leute. Wie man klassischen Denkfallen entgeht. Mit einem Vorwort von Aaron T. Beck. Piper, 2004.

*Ein Buch, das sich wohltuend von Werken der Machart „Werde sofort und ohne Aufwand reich und glücklich" abhebt. Es leitet nicht zu positivem, sondern zu realistischem Denken an. Vergleichssucht, übertriebener Perfektionismus und „Gedankenlesen" sind Fallen, in die wohl jeder mal tappt. Obwohl es um Fehler geht, baut das Buch auf. Und das kann man in der Promotionszeit manchmal so gut gebrauchen.*

[Rückert 02] Hans-Werner Rückert. Schluss mit dem ewigen Aufschieben. Wie sie umsetzen, was sie sich vornehmen. Campus Verlag, Frankfurt, 2002

*Morgen ist auch noch ein Tag! Wer nicht nur das lästige Schuheputzen, sondern wesentliche Dinge immer wieder vor sich her schiebt, muss sich überlegen, woher das kommt. Erst wenn man sich darüber klar ist, welche Mechanismen dazu führen, dass er seinen Vorhaben ausweicht, kann sein Verhalten ändern.*

[Watzlawick 98] Paul Watzlawick. Anleitung zum Unglücklichsein. Serie Piper, München, Zürich, 17. Aufl. 1998.

*Der Klassiker für Menschen, die sich zuweilen selbst im Weg stehen, also für uns alle. Nichts ist so lehrreich wie ein Spiegel, der uns unsere törichten Denk- und Verhaltensweisen vorhält.*

## 15.9 Mathematik und Informatik

[Beutelspacher 02] Albrecht Beutelspacher. Das ist o.B.d.A. trivial! Eine Gebrauchsanleitung zur Formulierung mathematischer Gedanken mit vielen praktischen Tips für Studierende der Mathematik und Informatik. Vieweg, 5. Auflage, 2002.

*Pflicht für alle, die mathematische Texte schreiben. Was ist eigentlich „wohldefiniert"? Wie geht man mit Formel-Text-Mixturen um? Was heißt „wir" in der Wissenschaft? Hier wird die ungeschriebene Grammatik der mathematischen Sprache auch für Neulinge zugänglich gemacht. Lesefreundlich und nett aufgemacht.*

[Beutelspacher 01] Albrecht Beutelspacher. In Mathe war ich immer schlecht. Vieweg, 3. Aufl. 2001.

*Das Buch ist die Antwort eines Mathematikprofessors auf die Frage einer jungen Frau, was man denn in Mathematik eigentlich so macht (gibt's da überhaupt was zu forschen?) und ein heiterer, selbstironischer Einblick in die Welt der Mathematik-Professionellen. Eingestreut auch Tips für das Mathe-Studium. Ohne jeden erhobenen Zeigefinger und für Fortgeschrittene eine Gaudi.*

[Deininger et al. 02] Marcus von Deininger, Horst Lichter, Jochen Ludewig, Kurt Schneider: Studienarbeiten – ein Leitfaden zur Vorbereitung, Durchführung und Betreuung von Studien-, Diplom- und Doktorarbeiten am Beispiel Informatik. vdf/Teubner, Stuttgart, 4. Auflage, 2002.

*Grundlagen, insbesondere für Studien- und Diplomarbeiten. Geht nicht sehr in die Tiefe, dafür informatikspezifisch. Unseres Wissens das einzige Buch, das sich dem Thema „Diplomarbeiten in der Informatik" widmet.*

[Mason 92] John Mason. Hexen1x1. Kreativ mathematisch denken. Oldenbourg Verlag, München, Wien, 1992.

*Auch ein Buch, das aus der Reihe fällt. Es versucht in die Tiefen des mathematischen Denkens einzudringen. Wie findet man einen Beweis, woher bekommt man eine Idee? Viele Beispiele, die beim ersten Versuch unlösbar erscheinen, werden hin- und hergewendet und nach etlichen Anläufen gelöst. Das ist das Gegenteil zu den „herkömmlichen" Mathematikbüchern, in denen alles so knapp wie möglich beschrieben ist und stets die Frage offen bleibt „Wie kommt man denn darauf..."*

[Polya 95] Georg Polya. Schule des Denkens. Vom Lösen mathematischer Probleme. Francke Verlag Tübingen und Basel, 4. Auflage, 1995.

*Der „kleine Polya", neu aufgelegt. Wie packt man ein mathematisches Problem an? Was macht man, wenn man nicht weiter kommt? Was ist Heuristik? Dazwischen gestreut sind Anekdoten und Betrachtungen, überwiegend heiter. Kostprobe: „Eine Methode ist ein Kunstgriff, den man zweimal anwendet".*

# 16 Fundstellen im Internet

Einige Web-Adressen sind bereits in den entsprechenden Kapiteln dieses Buches zu finden.

Sie finden hier in erster Linie Adressen größerer Organisationen, die erwarten lassen, dass sie regelmäßig aktualisiert werden und auch noch in einigen Jahren existieren, und Links, die sich in den letzten Jahren als „stabil" erwiesen haben. Diese Adressen sind Ausgangspunkte für weitere Recherchen im Internet, das immer unerschöpflicher wird. Die meisten hier angegebenen Adressen enthalten ihrerseits wiederum viele interessante Links.

Die Literaturrecherche ist inzwischen online bibliotheksübergreifend möglich (siehe „Karlsruher Virtueller Katalog").

Suchen Sie eine Finanzierungsmöglichkeit für Ihre Dissertation, sind insbesondere die großen Wissenschaftsorganisationen für Sie interessant, die oftmals eigene Seiten für Stipendiaten haben; ein übergreifendes Angebot hält der deutsche Bildungsserver bereit. Versuchen Sie es auch mit den Fachorganisationen Ihres Studienfaches (und verwandter Fächer), Beispiel: Gesellschaft für Informatik (www.gi-ev.de). Für Frauen sind die Seiten der Frauenbeauftragten interessant, die auch über spezielle Förderprogramme informieren.

Es gibt eine Reihe lokaler Zusammenschlüsse von Doktoranden und Angehörigen des akademischen Mittelbaus. Diese sind von den Web-Seiten der Universitäten aus zu finden, welche standardisiert sind: www.uni-irgendwo.de (also beispielsweise:

www.uni-karlsruhe.de). Auf diesem Wege finden Sie zum Beispiel auch Promotionsordnungen und, sofern existent, Promotionsbüros und Ansprechpartner.

Weder für die (Noch-) Existenz der angegebenen Web-Sites noch für deren Qualität können wir eine Gewähr übernehmen. Sollten Sie mit den angegebenen Stellen keinen Erfolg haben, versuchen Sie es mit den gängigen Suchmaschinen. Manchen Glückstreffer kann man bei der Eingabe gut gewählter Keywords landen, wozu an dieser Stelle ausdrücklich ermutigt werden soll.

Sie finden diese und weitere Links auf der Homepage der Autorin: www.messing.onlinehome.de/links-promovieren.html. Dies spart Ihnen nicht nur das Abtippen, diese Seite wird auch regelmäßig gewartet. Für Hinweise auf nicht mehr existierende Links oder interessante neue bin ich jederzeit dankbar (E-Mail an messing @online.de).

## 16.1 Literaturrecherche

*Bücher* recherchiert man am besten bei den gängigen Anbietern. Bei Zeitschriften können folgende Links weiterhelfen:

www.subito-doc.de

Dokumentlieferdienst der deutschen Bibliotheken

www.grass-gis.de/bibliotheken

Sammlung von Links zu Bibliotheken u. dgl

www.hbz-nrw.de/hbz/toolbox/www.hbz-nrw.de/produkte_dienstl/toolbox/index.html

Bibliographischer Werkzeugkasten (Bibliotheken, Nachschlagewerke, Bibliographien etc.)

www.hebis.de
Hessischer Bibliotheksverbund

www.ubka.uni-karlsruhe.de/kvk.html
Karlsruher virtueller Katalog – hier finden Sie so ziemlich alles.

## 16.2 Wissenschaftliches Arbeiten und wissenschaftliches Schreiben

Hier ein paar z.T. englischsprachige Empfehlungen für Studium und Promotion.

www.dai.ed.ac.uk/daidb/people/homes/bundy/how-tos/how-tos.html
„How-To Guides" von Alan Bundy – sehr pointiert geschrieben

www.cs.cmu.edu/afs/cs.cmu.edu/user/mleone/web/how-to.html
Collected Advice on Research and Writing (überwiegend Informatik-spezifisch)

www.cs.indiana.edu/how.2b/how.2b.html
„How to Be a Good Graduate Student" von Marie desJardins. "This paper attempts to raise some issues that are important for graduate students to be successful and to get as much out of the process as possible, and for advisors who wish to help their students be successful.". Da gibt es so nette Zwischenüberschriften wie „All Work, no play..."

www-mount.ee.umn.edu/~yue/FGS/rejection.html
How to Have Your Abstract Rejected von Mary-Claire van Leunen and Richard Lipton. So kommt Ihr Paper bestimmt zurück: Submit late, submit incorrectly... Give no motivation and no background... Da schreiben welche aus Erfahrung...

www.ag.iastate.edu/journals/rie/rej.htm

Rejected? Dies sind Hinweise aus der Sicht eines Programmkomitees, Kritisches und Tröstliches – da hat sich mal jemand die Mühe gemacht, den Newcomern Einiges zu erklären.

www.pz-oekosys.uni-kiel.de/~friedel/schulung/wisswww/wiss-www.htm

Wissenschaftliches Arbeiten im WWW, Schwerpunkt auf ökologische Themen, aber ein umfangreiches Angebot auch in Sachen Zeitschriftenrecherche, Suchmaschinen, Institutionen etc.

www.phil.uni-erlangen.de/~p1ges/netzsem/ps_zitat.html

Wie man korrekt zitiert – Uni Erlangen.

www.uni-leipzig.de/~gespsych/form_da.html

(Eher formale) Hinweise zur Gestaltung der Diplomarbeit (Deutsche Gesellschaft für Psychologie)

www.uni-essen.de/schreibwerkstatt/schreibwerkstatt/seiten/sitemap.html

Schreibwerkstatt der Uni Essen, mit Sprachtelefon, sehr umfangreiches Angebot

www.uni-kassel.de/wiss_tr/Nachwuchs/Promtricks.ghk

Tipps und Tricks für eine erfolgreiche Promotion (Uni Kassel)

## 16.3 Promotionsordnungen, Mittelbauseiten

Setzen Sie eine Suchmaschine auf „Promotionsordnung“ an – dann haben Sie eine reichliche Auswahl. Zum Beispiel:

www.wiwi.uni-karlsruhe.de/fak/stud/prom_ord
Promotionsordnung der Fakultät für Wirtschaftswissenschaften der Uni Karlsruhe – da kann man mal reinschnuppern

www.physik.uni-frankfurt.de/promord.html
Promotionsordnung der Math.-Naturwiss. Fachbereiche der Uni Frankfurt – so kann es auch aussehen...

## 16.4 Doktorandeninitiativen

www.doktorandenforum.de
Viele Links und ein Forum, dem man mehr Teilnehmer wünscht.

www.promovierenden-initiative.de
Selbstverständnis: Von Stipendiatinnen und Stipendiaten der Graduiertenförderung verschiedener Begabtenförderwerke im Herbst 1999 gegründete Initiative. Versteht sich als Interessensvertretung. Mit Links zu hochschulpolitischen Themen.

www.thesis.de
Doktoranden-Netzwerk Thesis. Die Internetseiten sind nur zum Teil für Nicht-Mitglieder zugänglich, und die „vorzeigbare Mitgliedschaft in einem Verein mit einem gutem Namen" ist kostenpflichtig.

www.smd.org/akademiker/index.html
Auch die Studentenmission behandelt das Thema Promotion.

## 16.5 Wissenschaftliche Organisationen, Stipendien

www.hochschulverband.de/cms

Der Deutsche Hochschulverband, 1950 in Fortführung des 1936 aufgelösten Verbandes der deutschen Hochschulen neugegründet, tritt für eine unparteiische Wissenschaft in einem freiheitlichen Rechtsstaat ein. Ihre grundlegenden Prinzipien sind die Freiheit und die Unteilbarkeit von Forschung und Lehre. Der Deutsche Hochschulverband ist Mitgestalter der Hochschul- und Bildungspolitik in Deutschland. Er vertritt die hochschulpolitischen, rechtlichen und wirtschaftlichen Interessen der Hochschullehrer gegenüber Staat und Gesellschaft. Seine besondere Sorge gilt dem wissenschaftlichen Nachwuchs.

www.wissenschaftsrat.de

Der Wissenschaftsrat berät die Bundesregierung und die Regierungen der Länder in Fragen der inhaltlichen und strukturellen Entwicklung der Hochschulen, der Wissenschaft und der Forschung sowie des Hochschulbaus.

www.dfg.de

Die Deutsche Forschungsgemeinschaft (DFG) ist die zentrale Selbstverwaltungseinrichtung der Wissenschaft zur Förderung der Forschung an Hochschulen und öffentlich finanzierten Forschungsinstituten in Deutschland. Die DFG dient der Wissenschaft in allen ihren Zweigen durch die finanzielle Unterstützung von Forschungsvorhaben und durch die Förderung der Zusammenarbeit unter den Forschern.Hier gibt es auch eine Seite für Stipendiaten.

www.bdwi.de

1968 gründeten mehrere Wissenschaftlerinnen und Wissenschaftler – ausgehend von ihrem unmittelbaren beruflichen Umfeld – den BdWi, eine Organisation, die für eine umfassende Demokratisierung in allen gesellschaftlichen Bereichen eintreten sollte. Der BdWi ist heute – mit ca. 1200 Mitgliedern – der einzige große „linke" wissenschaftspolitische Verband in der Bundesrepubli k Deutschland.

www.mpg.de
Max-Planck-Gesellschaft

www.fhg.de/german/index.html
Fraunhofer-Gesellschaft

www.bildungsserver.de
Deutscher Bildungsserver: Informationen von Servern von Bund und Ländern zu Bildung und allem, was damit zu tun hat. Links zu Wissenschaft, Hochschule, Forschung, Jobbörse etc.

www.hochschulkompass.de
Informationsangebot der Hochschulrektorenkonferenz über alle deutschen Hochschulen, deren Studienangebote und internationale Kooperationen.

www.stiftungsindex.de
Jede Menge Stiftungen, vielleicht finden Sie Ihren Stipendiengeber hier...

## 16.6 Dissertation online publizieren

Wollen Sie Ihre Dissertation im WWW veröffentlichen? Die Deutsche Bibliothek informiert unter www.dissonline.de.

Weitere Links mit Hinweisen zum elektronischen Publizieren, Dokumentenserver etc.:

www.bth.rwth-aachen.de/ediss/ediss.html
www.uni-duesseldorf.de/ulb/univhs_hochschulschriftenserver.html

Beachten Sie auch: www.vgwort.de – die Verwertungsgesellschaft Wort. Hier gibt es Geld für Autoren, auch für die von gedruckten Dissertationen.

## 16.7 Wissenschaft im Internet

Viele Infos, Beiträge und Diskussionen zum Thema Hochschule finden Sie in den Internetseiten der ZEIT und des Spiegel.

www.fb12.uni-dortmund.de/wtheorie
: Materialien zu einer Veranstaltung zum Thema Wissenschaftstheorie von Gerlind Rurik, Fachbereich Erziehungswissenschaft und Soziologie der Universität Dortmund.

www.wilabonn.de
: Wissenschaftsladen in Bonn. „Wir bereiten Wissen verständlich und konkret für Sie auf". Ziel ist die Vermittlung zwischen Wissenschaft und Öffentlichkeit. Buntes Internet-Angebot auch zum Thema Arbeitsmarkt und Bildung

idw-online.de
: Informationsdienst Wissenschaft. Ein Projekt der Universitäten Bayreuth, Bochum und der TU Clausthal. Eine Plattform für Informationen aus dem Wissenschaftsbetrieb und aus der Hochschulpolitik.

## 16.8
## Beruf und Karriere

www.nea-muenchen.de

Netzwerk erwerbssuchender Akademiker. Von der Bundesagentur für Arbeit geförderte Organisation, die u.a. Weiterbildung für arbeitslose Akademiker anbietet.

www.jobpilot.de

Jobbörse mit Karrierejournal

# Arbeitsbögen

| Arbeitsbogen 1 | Warum möchte ich promovieren |
|---|---|

..................................................................................................................

..................................................................................................................

..................................................................................................................

..................................................................................................................

..................................................................................................................

..................................................................................................................

Wo liegen meine persönlichen Probleme:
Beispielsweise:

| | |
|---|---|
| Rahmenbedingungen: | keine Stelle, fehlende Betreuung, keine Zeit zum Forschen |
| Thema: | fehlt, unergiebig, interessiert mich nicht |
| Motivation: | Motivation fehlt, Ohnmachtgefühle, Zeitdruck, keine Disziplin |

..................................................................................................................

..................................................................................................................

..................................................................................................................

..................................................................................................................

..................................................................................................................

..................................................................................................................

..................................................................................................................

..................................................................................................................

..................................................................................................................

**Arbeitsbogen 2** **Ein Fachartikel**

VORHER
Autor, Titel und Quelle:

..........................................................................................................

..........................................................................................................

Datum von heute:
Meine Vorkenntnisse:

Welche Fragen soll der Text mir beantworten:

1. ...................................................................................... ?

2. ...................................................................................... ?

3. ...................................................................................... ?

WÄHREND
Wichtigste Punkte des Autors:

..........................................................................................................

..........................................................................................................

..........................................................................................................

..........................................................................................................

..........................................................................................................

Auffälligkeiten:

..........................................................................................................

DANACH
Wie lauten die Antworten zu den oben formulierten Fragen?

1. ......................................................................................................

2. ......................................................................................................

3. ......................................................................................................

ABSCHLIESSENDE BEWERTUNG:

| **Arbeitsbogen 3** | **Mein Bereich/mein Thema** |
|---|---|

Wie heißt der Bereich oder das Thema:

........................................................................................................................

........................................................................................................................

Was weiß ich bereits darüber:

........................................................................................................................

........................................................................................................................

........................................................................................................................

........................................................................................................................

Welche Fragen interessieren mich am meisten:

........................................................................................................................

........................................................................................................................

........................................................................................................................

........................................................................................................................

Welche Themen spielen hier auch hinein?

........................................................................................................................

........................................................................................................................

........................................................................................................................

........................................................................................................................

## Arbeitsbogen 4 — Mein erstes Mindmap

| **Arbeitsbogen 5** | **Lebenswunschbild** |
|---|---|

Was möchten Sie bis zum Ende Ihres Lebens erreichen?
Versuchen Sie, sich das vorzustellen, in Bildern zu denken und Ihre Gefühle zu beobachten. Entscheiden Sie sich für fünf Dinge:

1. ......................................................................................................

......................................................................................................

2. ......................................................................................................

......................................................................................................

3. ......................................................................................................

......................................................................................................

4. ......................................................................................................

......................................................................................................

5. ......................................................................................................

......................................................................................................

## Arbeitsbogen 6 — Ziele setzen

Datum von heute:
Notieren Sie hier persönliche (berufliche oder private) Ziele mit Termin:
Achten Sie darauf, dass sie konkret, messbar und erreichbar sind!

Für **morgen**, den................ Bis wann erreicht?

- ______________________________ __________
- ______________________________ __________
- ______________________________ __________

Für den **Monat** ............... .. Bis wann erreicht?

- ______________________________ __________
- ______________________________ __________
- ______________________________ __________

Für das **Jahr** .......... ............ Bis wann erreicht?

- ______________________________ __________
- ______________________________ __________
- ______________________________ __________

## Arbeitsbogen 7 — Ihr Bastelbogen

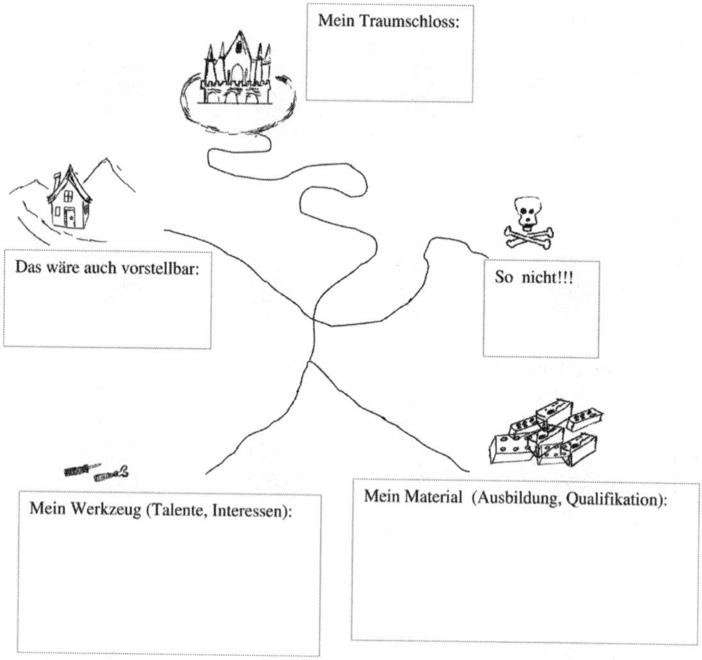

## Arbeitsbogen 8 Erfolge und Misserfolge

| | Erfolge | Misserfolge |
|---|---|---|
| **Beruflich**<br>(z.B. Prüfungen, Jobs organisiert, Kurs geschafft) | +<br>+<br>+<br>+<br>+<br>+<br>+ | -<br>-<br>-<br>-<br>-<br>-<br>- |
| **Privat**<br>(z.B. Sportliche Erfolge, Vereins-mitarbeit, Partei, Organisationen) | +<br>+<br>+<br>+<br>+<br>+<br>+ | -<br>-<br>-<br>-<br>-<br>-<br>- |

## Arbeitsbogen 9 Stärken und Schwächen

| | Stärken | Schwächen |
|---|---|---|
| **Beruflich**<br>(z.B. Spezialkenntnisse, Erfahrungen) | +<br>+<br>+ | -<br>-<br>- |
| **Soziales Verhalten**<br>(z.B. Teamfähigkeit, Kontaktfreudigkeit) | +<br>+<br>+ | -<br>-<br>- |
| **Persönliche Fähigkeiten**<br>(z.B. Flexibilität, Konzentration, Durchhaltevermögen, Selbstbewusstsein) | +<br>+<br>+ | -<br>-<br>- |
| **Führungsfähigkeiten**<br>(z.B. Motivation, Teamorganisation, Projektmanagement) | +<br>+<br>+ | -<br>-<br>- |
| **Arbeitstechniken**<br>(z.B. Zeitmanagement, Projektplanung, Vortragstechnik) | +<br>+<br>+ | -<br>-<br>- |
| **Sonstiges** | +<br>+<br>+ | -<br>-<br>- |

**Arbeitsbogen 10** **Aufgabenliste**

| Datum | Prio | Aufgabe/Aktivität | Dauer | Mit wem? | Termin? | OK |
|---|---|---|---|---|---|---|
| | | | | | | |
| | | | | | | |
| | | | | | | |
| | | | | | | |
| | | | | | | |
| | | | | | | |
| | | | | | | |
| | | | | | | |
| | | | | | | |
| | | | | | | |
| | | | | | | |
| | | | | | | |
| | | | | | | |
| | | | | | | |
| | | | | | | |
| | | | | | | |
| | | | | | | |
| | | | | | | |
| | | | | | | |
| | | | | | | |
| | | | | | | |
| | | | | | | |
| | | | | | | |
| | | | | | | |
| | | | | | | |
| | | | | | | |
| | | | | | | |
| | | | | | | |
| | | | | | | |
| | | | | | | |
| | | | | | | |

## Arbeitsbogen 11 — Zeitanalyse

| Tag | Aktivität/Tätigkeit | Dauer (z.B. in 1/2 Std.) |
|---|---|---|
| | | |
| | | |
| | | |
| | | |
| | | |
| | | |
| | | |
| | | |
| | | |
| | | |
| | | |
| | | |
| | | |
| | | |
| | | |
| | | |
| | | |
| | | |
| | | |
| | | |
| | | |
| | | |
| | | |
| | | |
| | | |
| | | |
| | | |
| | | |
| | | |
| | | |

## Arbeitsbogen 12 Zeitfresser und Zeitfallen

| Nr. | Zeitfresser/Zeitfalle | Trifft |
|---|---|---|
| | Unklare und nicht konkrete Zielsetzung | ○ |
| | Keine Prioritäten | ○ |
| | Zuviel auf einmal erledigen | ○ |
| | Keine Übersicht über anstehende Aufgaben | ○ |
| | Schlechte bzw. keine Tagesplanung | ○ |
| | Mangelnde Organisation am Schreibtisch | ○ |
| | Schlechtes Ablagesystem | ○ |
| | Mangelnde Motivation | ○ |
| | Mangelnde Information von Kollegen, Vorgesetzten | ○ |
| | Telefonische Unterbrechungen | ○ |
| | Unangemeldete Besucher | ○ |
| | Schwierigkeit, nein zu sagen | ○ |
| | Fehlende Selbstdisziplin | ○ |
| | Aufgaben nicht beendet | ○ |
| | Lärm, Ablenkung durch Kollegen | ○ |
| | Langwierige oder ineffektive Besprechungen | ○ |
| | Private Unterhaltungen | ○ |
| | Aufschieberitis | ○ |
| | Alle Fakten wissen wollen | ○ |
| | Alles selber machen wollen, keine Delegation | ○ |
| | Hast, Ungeduld, Hektik | ○ |
| | Zu perfekt arbeiten wollen | ○ |

*Idee und Teile ähnlich zu [Seiwert 96]*

| **Arbeitsbogen 13** | **Motivationsprobleme** |
|---|---|
| Datum von heute:<br><br>Wo liegen momentan meine Motivationsprobleme:<br><br>Welche Ansprechpartner habe ich:<br><br>Wo kann ich mir Anregungen holen:<br><br>Wie kann ich mich entspannen/ablenken: | |

# Stichwortverzeichnis


Abduktion 34
Acknowledgement 143
Altpapier 175

Bastelbogen 83
Brainstorming 65

Deduktion 35
Disputation 152
Disziplin 99
Doktortitel 176
Doktorvater 20

Eigenzeit 77
Eisenhower 88
Elefantenziel 82
Erkenntnisinteressen 31
Erkenntniswege 33
Erziehungsurlaub 172
Experiment 33
externe Promotion 17
Exzerpiertechniken 51

Fachhochschulprofessur 9
Falsifikationismus 36
Familiengründung 159
Feyerabend 37
Finanzierungsmöglichkeiten 13
Fließen 111
FrameMaker 146
Frauenförderung 156
Führungsposition 5

Gehirnhälfte 65
Gutachterdilemma 55

Hochschulkarriere 7

Illumination 63
Immunisierung 36
Induktion 34
Inkubation 63
Inspiration 63

Karteikasten 52
Kritik 118

$\LaTeX$ 145
Lebensgewohnheiten 81
Literaturrecherche 47

Meilensteine 85
Mindmap 68

Ordnungssystem 95
Originalität 39

Perfektionsfalle 149
Pflichtexemplare 144
Planen 90
Prioritäten 86
Professur 7
Programmkommittee 54
Promotionsberater 171
Publish or perish 138

Qualität 39

Rationalismus 37
Redlichkeit 40
Relativismus 37

Schreibblockade 134
Selbstzweifel 105
Signifikanz 39
Spezialisierung 57
Stilkunde 131
Stipendium 15

Talent 103
Textverarbeitung 145
Thema 58

Verifikation 63
Verständlichkeit 127

Warum-Ziele 78
Was-Ziele 78
Word 146
WordPerfect 146

Zehnfingersystem 147
Zeit 76
Zeitdruck 75
Zeittagebuch 93
Zeitvertrag 13

Druck und Bindung: Strauss GmbH, Mörlenbach